教育部高等学校材料类专业教学指导委员会规划教材

焊接机器人技术

（第2版）

陈茂爱 任文建 蒋元宁 等 编著

TECHNOLOGIES OF ROBOTIC WELDING

化学工业出版社

·北京·

内 容 简 介

《焊接机器人技术》（第2版）是教育部高等学校材料类专业教学指导委员会规划教材。本书阐述了机器人的概念、基本原理、分类及应用现状，系统介绍了工业机器人本体结构的组成、焊接机器人传感技术、焊接机器人系统配置及要求、常用机器人焊接工艺及焊接机器人应用操作技术，并结合具体工程结构的焊接制造给出了焊接机器人的典型应用实例。

本书力求语言简练、论述深入浅出、理论联系实际，突出了新颖性和先进性，采用了文字、图表和视频融合的表达方式进行说明和阐述，便于读者理解掌握。

本书可供材料成型及控制工程、焊接技术及工程和相关专业的本科生使用，也可供研究生或高职院校学生使用，还可供从事焊接机器人系统开发及应用的工程技术人员、技术管理人员参考使用。

图书在版编目（CIP）数据

焊接机器人技术/陈茂爱等编著. —2版. —北京：
化学工业出版社，2023.8
ISBN 978-7-122-43443-2

Ⅰ.①焊…　Ⅱ.①陈…　Ⅲ.①焊接机器人　Ⅳ.
①TP242.2

中国国家版本馆 CIP 数据核字（2023）第 080518 号

责任编辑：陶艳玲　张兴辉　　　　　　　　　文字编辑：陈立璞
责任校对：李雨晴　　　　　　　　　　　　　装帧设计：史利平

出版发行：化学工业出版社（北京市东城区青年湖南街 13 号　邮政编码 100011）
印　　装：中煤（北京）印务有限公司
787mm×1092mm　1/16　印张 12¼　字数 297 千字　2023 年 8 月北京第 2 版第 1 次印刷

购书咨询：010-64518888　　　　　　　　　售后服务：010-64518899
网　　址：http://www.cip.com.cn
凡购买本书，如有缺损质量问题，本社销售中心负责调换。

定　　价：48.00 元

前言

党的二十大会议上提出了推动制造业高端化、智能化、绿色化发展，焊接机器人应用和发展必将进入一个崭新的高速发展阶段。 在这种形势下，材料成型及控制工程专业和焊接技术及工程专业的学生学习和掌握焊接机器人技术，可推动制造业发展，满足社会发展需要。

本书的第 1 版于 2019 年出版，是在"十三五"国家重点出版物出版规划项目、国家出版基金项目和"中国制造 2025"出版工程等项目资助下出版的科技图书，出版三年多来受到了广大读者的普遍欢迎，并被一些高校作为教材使用。 应广大读者要求，本书的第 2 版改编成了教材，并入选了"教育部高等学校材料类专业教学指导委员会规划教材"2022 年度建设项目。

为了适应教学需要，本书第 2 版在内容、结构和表现形式上均做了一定的调整。 具体如下：扩展了机器学及机器人基本工作原理等方面的内容；删减了焊接机器人维护及维修技术方面的内容；吸收了机器人焊接工艺和传感技术方面的最新发展成果；引入了一些思政教育内容。 将第 1 版第 1 章拆分成了两章，拆分后的第 1 章介绍机器人的基本概念、分类、性能参数、发展简史和趋势，第 2 章阐述机器人运动学；将第 1 版"典型焊接机器人系统应用案例"一章的内容整合到了"焊接机器人系统"一章中。 采用数字化表现形式，提供了大量的彩图和视频资源。 另外，在每章后面还补充了大量的思考题。

本书编写的人员有陈茂爱、任文建、蒋元宁、贾传宝、王娟、陈劭卿、李超凡、刘金强、胡志文、梁慧君、张振鹏、陈东升、张栋、高海光等。

本书主要供材料成型及控制工程、焊接技术及工程等专业的本、专科生使用，也可供焊接领域工程技术人员参考。

限于笔者水平，书中难免存在不足之处，恳请广大读者批评指正。

编著者
2023 年 5 月

第1版前言

焊接机器人是从事焊接作业的工业机器人，是工业生产中重要的自动化设备。近年来，随着工业技术的发展，特别是传感技术的发展，焊接机器人技术越来越成熟，其成本也越来越低，在工业领域的应用范围急剧增大。目前，焊接机器人已广泛地应用于汽车制造、工程机械、电子通信、航空航天、国防军工、能源装备、轨道交通、海洋重工等多个领域，发展势头迅猛。焊接机器人技术已成为焊接领域最热门的技术之一，它融合了材料、控制、机械、计算机等交叉学科知识，焊接机器人也从单一的示教再现型向智能化方向发展。当前，劳动力的日益缺乏以及工人对劳动环境条件要求的日益提高使得焊接机器人替代人的必要性迅速提升。且随着"中国制造2025"规划的发布，国家对工业机器人国产化支持力度逐渐加大，国内机器人制造技术将会日益成熟，焊接机器人的成本还会进一步下降，未来焊接机器人必将全面代替焊接工人。在这种形势下，从事焊接的技术人员和操作工人迫切需要学习焊接机器人的相关知识和技术。

本书旨在系统性地介绍焊接机器人技术，在简要阐述机器人基本理论知识的基础上，详细介绍了工业机器人本体结构组成、机器人传感技术、焊接机器人系统配置及要求、焊接机器人应用操作技术和维护维修技术以及常用机器人焊接工艺，并结合具体工程结构的制造给出了弧焊机器人系统和点焊机器人系统的典型应用实例。本书力求避开深奥难懂的理论推导和说明，对焊接机器人所必需的基础理论知识进行了深入浅出的介绍，重点突出实用性、新颖性和先进性。本书可供从事焊接工作的技术人员和操作工人参考，也可供高校材料成型及控制工程专业的本科生和高职院校焊接专业学生学习使用。

参加本书编写的人员有陈茂爱、任文建、闫建新、姜丽岩、张振鹏、陈东升、张栋、高海光、王娟、齐勇田、高进强、杨敏、楼小飞。

由于作者水平有限，书中难免出现不当之处，恳请广大读者批评指正。

陈茂爱

2023年5月

目 录

第 6 章　机器人焊接工艺

第 1 章

机器人概述

机器人开发和应用水平是衡量一个国家制造水平的重要指标。习近平总书记在 2014 年 6 月 9 日召开的两院院士大会上指出"机器人是制造业皇冠顶端的明珠"。目前，机器人已广泛应用到社会经济及生活的各个方面，并呈现迅速发展的趋势。焊接机器人是目前应用最广泛的机器人之一，随着劳动力成本的不断上升和工人对工作环境要求的不断提高，其应用将会越来越广泛。本章主要介绍机器人的基本概念和发展历史，并展望焊接机器人的发展方向。

1.1 机器人

顾名思义，机器人是指能够代替人完成特定任务的机器。尽管机器人已经广泛用于社会生活的各个方面，被大多数人熟悉，但是目前它还没有一个统一的、精确的定义。这不仅是因为不同国家、不同组织从不同角度来定义机器人，更重要的是机器人本身也在不断地进化和发展。

1.1.1 机器人的定义及分类

（1）机器人的基本概念

机器人是集机械、自动控制、计算机、人工智能、仿生学等多学科技术于一体的自动化装备，其英文名称为"robot"。"robot"一词是捷克剧作家卡雷尔·开佩克在其科幻戏剧《罗萨姆的万能机器人》（*Rossum's Universal Robots*）中首先提出的。在捷克语中，"robot"的意思是"人类奴仆"，而该戏剧中则是罗萨姆制造的为人类工作的类人机器。目前普遍采用的机器人定义有以下几种。

① 中国国家标准《机器人分类》（GB/T 39405—2020）给出的定义　机器人是具有两个或两个以上可编程的轴以及一定程度的自主能力，可在其环境内运动以执行预定任务的执行机构。

② 美国机器人学会给出的定义　机器人是一种可重复编程的、多功能的、用于搬运物料或零件或工具的操作机；或者是具有可改变或可编程的动作，用于执行多种任务的专门系统。

③ 美国国家标准局给出的定义　机器人是一种可编程的，并且能够在程序控制下自动执行规定操作或动作的机械装置。

④ 日本工业机器人协会给出的定义　机器人是一种装有记忆装置和末端执行器，能够自动移动并能通过所进行的移动来代替人类劳动的通用机器。

⑤ 国际标准化组织（ISO）给出的定义　机器人是一种自动控制的、可重复编程（可对三个或三个以上的轴进行编程控制）的多用途操作机。在工业应用过程中，它可能是位置固定的，也可能是移动的。

⑥《韦氏大词典》中的定义　机器人是由计算机控制的貌似人或动物的机器；或者是由计算机控制的能够自动执行各种任务的机器。

不同组织从不同的侧面给出了机器人的定义，但所有定义均强调了机器人的可编程、自动控制特点及代替人或动物完成任务的功能。

外观类似于人的机器人称为类人型机器人。机器人的外貌并不一定像人或动物，而是各种各样的，工业机器人通常形似人的手臂。图 1-1 为类人型机器人和类人手臂型机器人的典型图例。无论是哪种形状的机器人，其最基本的特点均是能模仿人（或动物）的动作、代替人类进行重复性工作，具有感知和识别能力，甚至可具有智能。机器人既可用于工农业生产，也可用于教育、服务业、医疗及军事等行业。

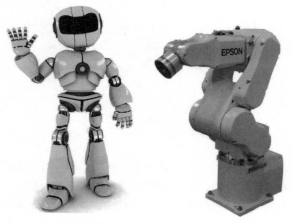

(a) 类人型机器人　　　　　(b) 类人手臂型机器人

图 1-1　机器人的典型图例

（2）机器人的分类

机器人的分类方法有多种，最基本、最常用的分类方法是根据其应用领域来分。根据应用领域不同，机器人可分为工业机器人、服务机器人和特种机器人三大类。

工业机器人是指工业中应用的具有多个关节的机械手或具有多个自由度的机械装置，主要用来从事搬运、焊接、切割、喷涂、装备和加工等作业。其中焊接机器人在工业机器人中占比最大。

服务机器人是指用于个人或公众服务的机器人，例如家务机器人、娱乐机器人、讲解导引机器人等。

特种机器人是指用于某一特种作业的机器人，例如水下机器人、爆破机器人、搜救机器人、军用机器人、采掘机器人、手术机器人等。

1.1.2　机器人的发展简史

（1）机器人的起源

广义上的机器人起源于中国。早在西周时期，中国的能工巧匠偃师就发明了能够跳舞的机器人。春秋时期的鲁班制造出了能飞行的木鸟。汉朝有大将陈平用机器人舞女退匈奴雄兵的传说。蜀国丞相诸葛亮设计并制造了能进行军事后勤运输的木牛流马。三国时代魏国的马均发明了记里鼓车，车上有一小木人计量里程并击鼓鸣钟，每走 10 里击鼓 1 次，每走 100 里击钟 1 次。唐代洛州县令殷文亮制造了能够唱歌吹笙、机制应答的服务机器人；杭州能工巧匠杨务廉制造了一个像化缘僧人的机器人，它手端化缘铜钵笑对行人，能够向施主躬身行礼，钵满后还能自动收钱；柳州能工巧匠王据制造了一个形似水獭的捕鱼机器人，它沉入水中捉到鱼后能把脑袋露出水面。如图 1-2 所示为几种中国古代机器人。

日本的竹田近江于 1662 年发明了自动机器玩偶。200 多年前，法国人沃康松制造了能够连续吹奏 12 首长笛曲子的人形机器人、可演奏大约 20 首曲目的人形管乐演奏者和会消化的机器鸭。这个机器鸭是第一个能够模拟动物生理过程的机器，可以做出拍打翅膀、喝水、溅水等动作，甚至还有表情。但这些机器人只有机械控制，只能完成某一特定的任务，没有电气控制，更无法实现编程控制。1774 年，杰奎特·德罗兹发明了会写作的机器人——"作家"。"作家"是第一台可编程机器人。

(a) 木鸟　　　　　　　　　　　　　　　(b) 木牛流马

(c) 记里鼓车　　　　　　　　　　　　(d) 化缘机器人

图 1-2　中国古代机器人

（2）现代机器人的发展

美国人乔治·迪沃于 1954 年申请了机器人专利。该专利阐述的机器人有三个特点：利用伺服技术控制机器人关节；需要人对其示教；可实现示教动作的记录和再现。现有的机器人大多数都采用这种控制方式。1956 年，乔治·迪沃与英格尔伯格联合建立了 Unimation 公司。次年该公司制作出了第一台现代意义上的机器人，如图 1-3 所示。这是一台五轴液压驱动机器人，其示教和动作重现均用计算机控制，利用磁鼓记录示教轨迹。1961 年，第一台工业机器人 Unimate 安装在美国通用汽车公司的汽车生产线上，用于生产压铸件。1969

年，首台焊接机器人在美国通用汽车公司的车身生产线上投入使用（这是一台点焊机器人）。自此，车身焊接逐步实现了全自动化。1973 年，德国 KUKA 公司制造了第一台电驱动 6 轴机器人。1979 年，Unimation 公司推出了配有视觉、触觉、力觉传感器的 6 轴电动机器人——PUMA 机器人，见图 1-4。此后，随着计算机技术、现代控制技术、传感技术、人工智能技术的发展，机器人技术也获得了迅速发展。到目前为止，机器人已发展到第三代。

第一代机器人为"示教再现"型机器人。这种机器人需要操作员"手把手"地利用示教器进行示教。首先，操作人员利用示教器的控制按钮引导机器人运动，并在一些关键节点上进行参数设置；然后，机器人会自动以程序的形式记录下示教轨迹和关键节点的参数，工作时重复记录的轨迹和参数。这代机器人对周围环境基本没有感知与反应能力，但由于具有很高的可靠性、精度和性价比，因此到目前为止仍是工业应用中的主流机器人。

第二代机器人是有感觉的机器人。这种机器人是通过各种传感器对外部环境进行检测，由控制器根据检测到的环境条件变化做出一定的反应，可较好地适应环境的变化。采用了焊缝跟踪传感技术的机器人就是第二代机器人。焊接过程中焊缝跟踪传感器检测焊缝位置的变化，机器人控制器根据检测到的信息对焊枪运动做出调整，可使焊枪对准焊缝，保证焊接质量。

第三代机器人为"智能机器人"，是采用了人工智能技术的机器人。这类机器人不但具有感知能力，而且具有思维、推理、判断和决策能力，能够在周围环境条件发生变化或信息不充分的条件下完成复杂的工作任务。这类机器人一般用于特殊行业，如医用机器人、扫地机器人、服务机器人、导游机器人等，但在工业生产中极少使用。

图 1-3　世界上第一台现代机器人

图 1-4　PUMA 机器人

1.2　工业机器人的构成及分类

1.2.1　工业机器人的构成

工业机器人主要由机器人本体、控制系统和任务控制终端三个基本部分组成。在完成任务的过程中，机器人要与环境打交道，因此从控制理论上来看，工业机器人系统除了上述三部分外，还应包括检测环境变化的外传感器，如图 1-5 所示。

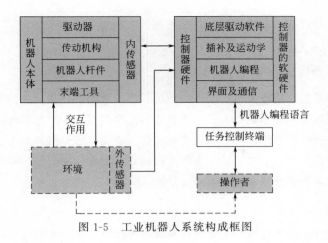

图 1-5　工业机器人系统构成框图

（1）机器人本体

机器人本体又称机械手，但如果没有其他部分，其本身并不能称为机器人。它的作用和任务是在工作过程中精确地保证末端操作器所要求的位置、姿态和运动轨迹。根据运动合成类型的不同，机器人本体有直角坐标型、极坐标型、圆柱坐标型、关节型等多种。其中关节型较多。

关节型机器人本体通常由机身（基座）、臂部（大臂和小臂）、手部（末端执行器）、肩关节、肘关节、腕关节等构成，如图 1-6 所示。机身、臂部和手部是通过腰关节、肩关节、肘关节、腕关节连接起来的，关节处安装了驱动系统，可驱动关节转动。工作时其通过各个关节的运动合成末端操作机的位置和姿态（位置和姿态合称位姿）。机器人本体一般有 3～6 个自由度，其中手腕部有 1～3 个，用来合成末端执行装置的位姿。

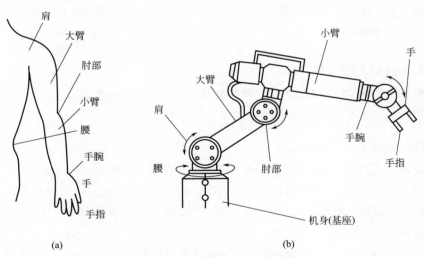

图 1-6　工业机器人本体与人的手臂比较

驱动系统通常由动力装置和传动机构组成，用来驱动执行机构执行并完成相应的动作。所用的动力装置有电动、液动和气动三种类型。无论是用伺服电动机作为动力装置，还是用液压缸或气缸作为动力装置，一般都要求通过传动机构与执行机构相连。传动机构有齿轮传动、谐波齿轮传动、链传动、螺旋传动和带传动等几种类型。

机器人本体中还装有内部传感器，其作用是检测机器人本身的状态（如位置、速度等）并提供给控制系统。

（2）环境和外部传感系统

外部传感器用来监测机器人所处的工作环境状态。常用的外部传感器有视觉传感器、接近传感器和力传感器等几种。机器人在工作过程中需要根据工作对象和环境的当前状态做出适当的响应动作，例如碰到障碍物要做出避开动作。机器人可根据外部传感器检测到的障碍物信息，利用运动学模型和动力学模型重新进行计算，形成控制信号，发送给各个关节并进行伺服控制，形成能够避开障碍物的运动规划。

（3）控制系统

控制系统是机器人的指挥中心，由硬件和软件两部分组成。它实际上就是一个专用工业计算机。控制系统硬件由中央处理控制单元、记忆单元、伺服控制单元、传感控制单元及通信总线等几部分组成，软件由控制器系统软件、机器人专用语言、机器人运动学软件、机器人动力学软件、机器人控制软件、机器人自诊断软件、自保护功能软件等组成。控制系统负责接收操作人员的作业指令和内外传感器反馈的环境信息，根据预定策略对指令和反馈信号进行判断与决策，然后向各个运动执行机构输出相应的控制信号。各个运动执行机构在其控制下可执行规定的运动，完成特定的作业。

（4）任务控制终端

任务控制终端是机器人与人的交互接口，是一种直观的控制与应用程控界面。其作用是向机器人下达任务指令、进行任务仿真、状态数据显示与分析等。任务控制终端最典型的例子是机器人的示教器。示教过程中可利用它控制机器人末端执行器的轨迹、各个重要节点全部的动作及位姿，输入加工工艺参数（例如焊接参数）；完成示教后可利用它将全部信息输入到控制系统存储器中保存。

1.2.2 工业机器人的分类

工业机器人的分类方法有多种，可按照驱动方式、运动轨迹控制方式、控制方法、坐标系类型和智能程度等进行分类。

（1）按照驱动方式分类

按照驱动方式，工业机器人可分为电驱动、液压驱动和气压驱动三大类。

① 电驱动型机器人　利用伺服电动机或步进电动机进行驱动的机器人。其优点是控制精度高、响应速度快、驱动力大、检测及控制灵活方便。这类机器人应用最多，焊接机器人大部分为电驱动型机器人。

② 液压驱动型机器人　利用伺服控制的液压缸进行驱动的机器人。液压驱动的优点是动力大，但存在速度低、液压油易泄漏、噪声大、控制单元笨重、造价高等问题，因此仅用于某些重型机器人。如重型搬运、点焊机器人等采用的就是液压驱动方式。

③ 气压驱动型机器人　利用空气压缩机和气缸驱动的机器人。气压驱动型机器人具有成本低、结构简单、速度快和易维护等优点，但其控制精度较低、噪声大，目前在工业中的应用较少，主要用于小型工件的抓取和装配。

（2）按照运动轨迹控制方式分类

按照运动轨迹控制方式，工业机器人可分为点位控制（PTP）型、连续轨迹控制（CP）型、可控轨迹型等三种。

① 点位控制（PTP）型机器人　仅仅对末端执行器在一次运动过程中的始点和终点进行编程控制，而其移动的具体路径通常为最直接、最经济的路径。这种机器人结构简单、价格便宜。点焊、搬运机器人通常为PTP型机器人。

② 连续轨迹控制（CP）型机器人　又称为连续轨迹机器人。这类机器人可控制末端执行器在一次运动过程中通过某一轨迹上特定数量的点并作一定时间的停留，以及对这些点之间的移动轨迹做平滑处理，使得末端执行器能够沿着规定的路径平稳地行走。要经过的这些点需要事先编程确定。

③ 可控轨迹型机器人　又称计算轨迹机器人。这类机器人可根据任务要求精确地计算出满足要求的运动轨迹，而且运动精度很高。使用时只需设定起点和终点坐标，机器人控制系统便能计算出最佳轨迹。

弧焊机器人通常为连续轨迹控制型机器人，电阻点焊机器人通常为点位控制型机器人。

（3）按照控制方法分类

按照控制方法分类，工业机器人可分为程控型机器人、示教型机器人、数控型机器人、自适应控制型机器人和智能型机器人等几种。

① 程控型机器人　又称顺序控制机器人。这种机器人可根据预先设置的程序完成一系列特定的动作，通常采用逻辑控制装置、可编程控制器或单板机作为控制单元，利用限位开关、凸轮、挡块、矩阵插销板、步进选线器等机械装置来设置工作顺序并实现位置控制。这种机器人结构简单、成本低廉，适合大批量生产中简单、重复的作业。

② 示教型机器人　又称再现型机器人。这种机器人可通过人工示教过程对工作任务进行编程。人工示教过程就是利用示教器控制末端执行器沿着预定路径行走，并在若干关键节点上设置加工工艺参数，模拟完成指定的任务；由存储器将位移传感器发送的信息记录下来并保存为程序。机器人在工作过程中可通过执行该程序再现示教的路径和工艺参数。

③ 数控型机器人　又称可控轨迹型机器人，是最早在工业中获得应用的一种机器人。这种机器人也要进行示教，但其示教过程不是手动的，而是通过编程来确定关键点之间的运动轨迹，操作人员仅需指定这些关键点以及各点之间的曲线类型即可。

④ 自适应控制型机器人　这类机器人能够自动感知周围工作条件的变化，并根据这种变化做出调整，以适应这种变化，更好地完成工作任务。

⑤ 智能型机器人　这类机器人不仅能够感知周围条件的变化并做出调整，而且能够在信息不充分的情况下或环境迅速变化的条件下进行深入分析和决策，更好地完成工作任务。这种机器人更接近于人，但要它和我们人类的思维一模一样还是很难的。

（4）按照坐标系类型分类

按照机械手的坐标特性来分类，工业机器人可分为直角坐标型机器人、球面坐标型机器人、圆柱坐标型机器人、关节型机器人等几种，如图1-7所示。

直角坐标型机器人也称机床型机器人，其手部可沿直角坐标三个坐标轴的方向平移，如图1-7（a）所示。这种机器人结构刚性大、关节运动相对独立，具有结构简单、易于控制、坐标计

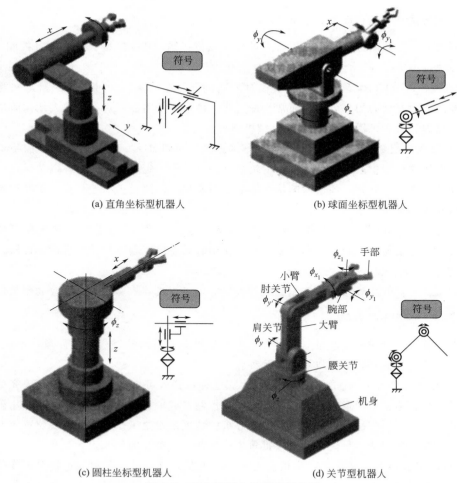

(a) 直角坐标型机器人   (b) 球面坐标型机器人

(c) 圆柱坐标型机器人   (d) 关节型机器人

图 1-7　工业机器人按照坐标分类

算简便、精度高等优点；缺点是不能实现高速运动、操作灵活性差，且运动空间受限。

　　球面坐标型机器人的手部能进行回转、俯仰和伸缩运动，如图 1-7（b）所示。这种机器人具有灵活性好、工作空间大等优点。

　　圆柱坐标型机器人的手部可进行升降、回转和伸缩动作，如图 1-7（c）所示。这种机器人具有结构紧凑、易于控制等优点。

　　关节型机器人的臂部有多个转动关节，如图 1-7（d）所示。这种机器人的运动空间较大，且在其特定运动空间内可方便地实现各种位置和姿态，易于完成各种操作。但其坐标计算和控制非常复杂，控制精度难以达到直角坐标型机器人的精度。

　　除了以上分法外，工业机器人还可按照应用领域进行分类，例如焊接机器人、搬运机器人、装配机器人、喷漆机器人等。

1.2.3　工业机器人的性能参数

　　如上所述，工业机器人种类繁多。不同的工业机器人不但功能不同，而且性能特点也不尽相同。本节以关节型机器人为例介绍工业机器人的性能参数，主要有轴数、自由度、工作空间、额定负载、分辨率、定位精度、重复精度、工作周期等。

（1）性能参数

1）轴数

轴数又称关节数，指机器人具有的独立运动轴或关节数量。工业机器人一般具有 3～6 个轴，大部分弧焊机器人有 6 个轴，而电阻点焊机器人有 5 个或 6 个轴。

机器人本体中关联杆件及其运动的机构称为关节，各个杆件之间的相对运动是由关节实现的。根据运动形式的不同，关节分为移动关节和转动关节两类，如图 1-8 所示。移动关节是可实现两杆件相对直线运动的关节；而转动关节是可实现两杆件相对旋转或回转运动的关节。转动关节除了能实现旋转运动外，还是机器人两个或多个刚性

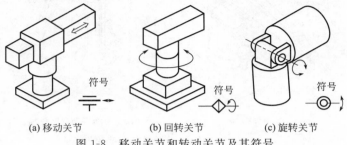

(a) 移动关节　　　　(b) 回转关节　　　　(c) 旋转关节

图 1-8　移动关节和转动关节及其符号

杆件（机器人的手臂）的连接部位。关节型机器人的基座与臂部之间、臂部之间、臂部和手腕之间等都是通过转动关节连接的。

有些关节既可实现直线运动，又可实现旋转运动，机器人运动学中通常把这类关节看作两个独立的关节。

2）自由度

自由度数量就是轴数或关节数，是描述物体运动所需的独立坐标数量。它是反映机器人灵活性的重要指标。自由度越多，机器人就越灵巧，适用性就越强，但自由度的增多以机构变得复杂、成本提高为代价。工业机器人一般具有 3～6 个自由度，如图 1-9 所示。弧焊和切割机器人一般需要 6 个自由度，点焊机器人需要 5 个自由度。

3）工作空间

指工业机器人执行任务时，其腕轴交点的活动范围，常用图形表示，如图 1-10 所示。为简化起见，也可用最大垂直运动范围和最大水平运动范围来表征。最大垂直运动范围是指机器人腕部能够到达的最低点（通常低于机器人的基座）与最高点之间的范围。最大水平运动范围是指机器人腕部能水平到达的最远点与机器人基座中心线的距离。

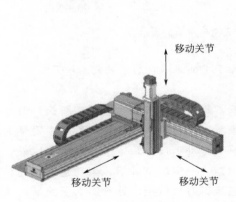

(a) 3自由度直角坐标型机器人

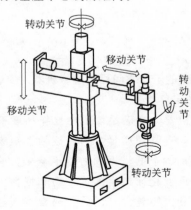

(b) 5自由度圆柱坐标型机器人

图 1-9

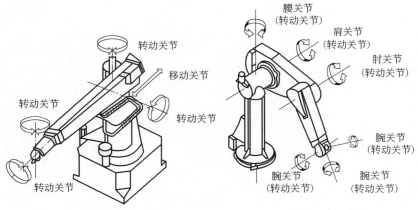

(c) 5自由度球面坐标型机器人　　(d) 6自由度关节型机器人(参看二维码 视频)

图 1-9　不同自由度的机器人

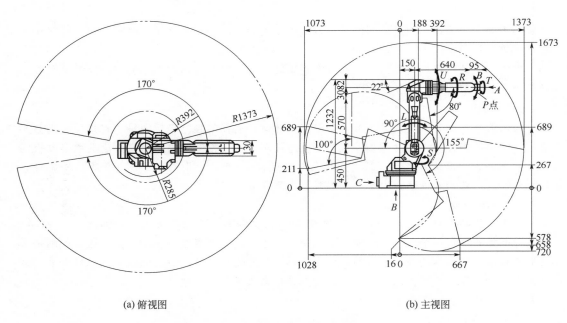

(a) 俯视图　　　　　　　　　　　　　(b) 主视图

图 1-10　机器人工作空间的表示方法

机器人的工作空间可通过将机器人安装在轨道或其他行走装置上来扩展。

4）额定负载

工业机器人在满足规定的操作精度下，其机械接口处（包括末端执行器）能承受的最大负载，通常用质量、力矩或惯性矩表示。规定机器人的额定负载主要是为了保证机器人各运动轴上的受力和力矩不至于影响其运动精度，除了承受的负载以外，还要考虑由运动速度变化而产生的惯性力和惯性力矩。一定的负载下，运动速度越高，各运动轴上的受力和力矩越大。因此，通常将高速运行时机械接口处所能承受的最大负载作为额定负载指标。

不同机器人的负载能力相差较大，目前最大负载能力已达 1000kg。

5）分辨率

机器人的分辨率是指机器人各运动轴的最小移动距离或最小转动角度。它决定了机器人的执行机构能够实现的最小位移，即运动的最小步距。分辨率是在机器人系统设计时就确定的参数，决定于检测参数。

分辨率分为编程分辨率和控制分辨率两种。编程分辨率是机器人控制软件中设定的最小移动距离或角度，又称为基准分辨率。控制分辨率不仅取决于编程分辨率，还取决于位置反馈检测单元的精度。

分辨率决定了期望的运动位置与操作命令能够实现的位置之间的差距，对于定位精度有一定影响。

6）定位精度

机器人机械接口中心的实际位姿或轨迹与设定的期望位姿或轨迹之间的差距称为定位精度，用于表征机器人末端执行器或其机械接口中心达到指定位姿的能力。目前，焊接机器人的定位精度一般为 0.01mm。

影响定位精度的主要因素有机械误差、控制算法误差与分辨率误差等，而机械误差是主要的。机械误差又包括传动误差、关节间隙及连杆机构的挠性。

传动误差的大小取决于轮齿误差、螺距误差的大小；关节间隙的大小取决于关节传动部件的轴承间隙和谐波齿隙的大小等；连杆机构的挠性主要取决于机器人机械结构部分的加工制造精度及材料质量，除此之外，还受到负载大小及变化的影响。

7）重复精度

重复精度是指工业机器人在同一条件下，重复执行 n 次同一操作命令所测得的位姿或轨迹的一致程度。

重复精度又分为重复定位精度（参看二维码-视频）和轨迹重复精度（参看二维码-视频）两种。需注意，重复定位精度和定位精度是两个完全不同的概念。对于大部分工业机器人来说，运动的实际位置或轨迹与指令设定的理想位置或轨迹之间误差有可能较大，即定位精度可能较差，但连续几次相同的运动之间的位置或轨迹重复误差通常很小。实际生产中只要重复定位精度足够高就可满足要求。定位精度受重力变形的影响较大，而重复定位精度则不受重力变形的影响，因为重力变形引起的误差是持续存在的。定位精度难以测量，机器人技术参数中通常只给出重复定位精度。图1-11给出了定位精度、重复定位精度和分辨率之间的关系。

工业机器人的重复定位精度一般为 $\pm0.01\sim\pm0.5\text{mm}$。

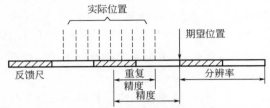

图 1-11　定位精度、重复定位精度和分辨率之间的关系

8）工作周期

工作周期又称为工作循环时间，指完成一项任务或操作所用的时间。这是一个非常重要的指标，工作周期越短，说明其工作效率越高，竞争性越强。工作周期包括加速度启动、等速运行和减速制动三个阶段。为了保证定位精度，加减速过程往往占去较长时间。提高工作

效率的方法是增大驱动功率、降低关节和杆件的质量以及采用更有效的控制方法。增大驱动功率：尽量采用力矩大、力矩特性好、质量小、惯性小的驱动电动机。降低关节和杆件的质量：降低关节和杆件质量的同时，应保证其强度和刚度，即杆件和关节要求具有大的比强度和比刚度，为此杆件通常采用锥形的。先进的机器人还采用了纤维增强复合材料来有效提高比强度和比刚度。采用更有效的控制方法：所采用的控制方法应具有较快的运算速度和成熟的轨迹计算方法，以节省轨迹和任务规划时间。目前机器人的工作周期已经能够做得很短，比如 ABB 公司的一款小型机器人"IRB 120"每千克物料拾取节拍仅需 0.58s。

9）其他参数

① 最大工作速度　额定负荷下，机器人主要关节或机械接口中心的最大允许移动速度或转动速度。

② 最大工作加速度　机器人主要关节或机械接口中心的最大加速度。

③ 运动控制方式　有点位控制型和连续轨迹型两种。

④ 驱动类型　主要有电动型、液压驱动型和气压驱动型。

⑤ 柔度　机器人在外力或力矩作用下，某一轴因变形而造成的角度或位置变化。

⑥ 使用寿命、可靠性和维护性　目前，工业机器人的平均使用寿命一般为 10 年以上，有的可达到 15 年。由于机器人的设计尽量采用较少的、易于更换的零件，这样只需储备少量的备件就可以进行零件更换，平均维修时间不超过 8h。

（2）机器人运动精度的影响因素

定位精度和重复定位精度是机器人重要的性能指标，对机器人的工作质量及机器人制造的产品质量具有很大的影响。定位精度和重复定位精度不仅取决于机器人本身的设计及制造质量，还受到使用条件和环境的影响，因此了解机器人运动精度的影响因素是非常重要的。

影响机器人定位精度和重复定位精度的因素主要有：

① 机器人的机械结构设计及制造质量、控制方法和控制系统误差。机器人设计时应根据运动精度的影响因素，严格控制各个部件的允许误差和公差配合，并应当根据工作要求选择合适的材料；制造时应严格保证设计尺寸和性能要求。另外，还应通过优化控制方法并减少控制系统误差来提高机器人的运动精度。

② 工作过程中作用在机器人机械接口处的重力（即机器人的负载）以及机器人负载引起的手臂垂直变形。重力主要影响机器人的定位精度。通常情况下，如果机器人的负载不超过规定值，重力对定位精度的影响就较小。但如果超过了规定负载，则会引起明显的定位精度下降；机器人的负载越大或臂长越大，定位精度下降得越严重。在负载不变的情况下，其对重复定位精度的影响很小，因为只要机器人的负载相同，手臂的变形量也相同，所以，即使这个变形量很大（即定位精度较差），由于该变形量是重复出现的，机器人的重复定位精度也是比较高的。

③ 使用过程中导致的传动齿轮松动和传动皮带松弛。这类变形会导致传动误差，即速度比误差，从而引起位置误差。齿轮在相互啮合过程中不可避免地会产生间隙，这种间隙不仅与齿轮的加工精度和公差配合有关，也与服役时间有关。加工精度不良或服役时间长均会导致间隙增大，位置误差增大。通常齿轮间隙应控制在 0.1mm 以下。

④ 惯性力引起的径向变形以及尺寸较长的转动元件发生的扭曲变形。机器人手臂杆件绕其轴线做旋转运动时，在杆件径向会产生惯性力，进而引起径向变形和其他杆件的弯曲变

形。大部分情况下，由于机器人手臂运动速度较小，这些变形可忽略不计。但在高速运动时，其影响则较大。

此外，热效应导致的机器人手臂杆件膨胀或收缩、轴承游隙、控制方法或控制系统的误差也会引起运动误差。

1.3 焊接机器人及其应用发展趋势

1.3.1 焊接机器人的构成与分类

（1）焊接机器人的构成

用于焊接作业的机器人称为焊接机器人。与其他工业机器人相同，焊接机器人也是由机器人本体、控制系统和任务控制终端（通常为示教器）构成的。焊接机器人需要与相应的焊接设备（包括焊接电源、焊枪、送丝机构和保护气输送系统等）、焊接工装夹具、焊接传感器及系统安全保护设施等配合起来才能完成焊接工作。

焊接机器人基本上全部为关节型机器人，一般有 5 个或 6 个自由度（轴），如图 1-12 所示。电阻点焊机器人通常采用 5 自由度机器人，电弧焊通常采用 6 自由度机器人。腰关节、肩关节及肘关节 3 个自由度用于将焊枪送到期望的空间位置，而腕关节的 2 个或 3 个自由度用于确定焊枪的姿态。

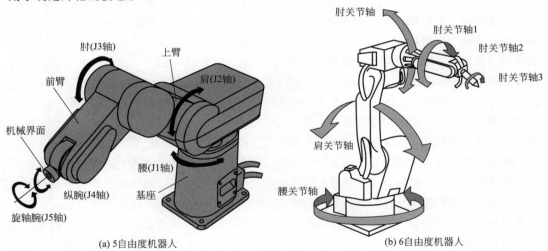

（a）5自由度机器人   （b）6自由度机器人

图 1-12　焊接机器人的自由度

与其他工业机器人相比，焊接机器人的工作环境比较恶劣，工作过程中有弧光、飞溅、烟尘、高频干扰和高温等不利影响，而且工件装配误差的不确定性和焊接过程中的热变形也增加了其工作环境的复杂性。这些都对焊接机器人的传感系统提出了更高的要求。

（2）焊接机器人的分类

焊接机器人除了可按照工业机器人的分类方法进行分类外，还可按照焊接方法进行分类。根据焊接方法的不同，焊接机器人可分为弧焊机器人、电阻点焊机器人、搅拌摩擦焊机器人和激光焊机器人等。

1.3.2 焊接机器人的应用现状

在所有机器人中，工业机器人占 67%，服务机器人占 21%，特种机器人占 12%。而工业机器人中，焊接机器人占 40% 以上，已广泛应用于制造业各个领域。

（1）焊接机器人的发展历程

1969 年，首台电阻焊机器人在美国通用汽车公司的车身生产线上投入使用。1974 年，日本川崎公司研制了世界上首台弧焊机器人，用于焊接摩托车车架。20 世纪 80 年代中后期，先进的工业化国家的焊接机器人技术已经非常成熟，在汽车和摩托车行业得到了广泛应用。70 年代末，我国也成功研制出直角坐标机械手，用于轿车底盘的焊接。1984 年，中国一汽率先引进了德国 KUKA 焊接机器人，用于当时的"红旗牌"轿车车身焊接，并于 1988 年开发出车身机器人焊装生产线。自 20 世纪 90 年代初开始，随着合资汽车厂的诞生，我国焊接机器人的应用进入了高速发展阶段。同时，早在 20 世纪 80 年代国内高校及研究机构就自发开始了焊接机器人技术的开发研究，国家"八五"和"九五"计划也将机器人技术及应用研究列为重点研发项目。经过几十年的持续努力，目前我国焊接机器人的研究在基础技术、控制技术、关键元器件等方面已取得了重大进展，并已进入实用化阶段，形成了点焊、弧焊机器人系列产品，能够实现批量生产，且获得了较广泛的应用。但由于重复定位精度、可靠性等方面与国外公司还存在一定的差距，且成本优势不明显，国内生产的焊接机器人竞争优势还不是很大，应用领域仅仅限于一些对焊接质量要求不是很高的结构件制造上。截至 2021 年底，全球焊接机器人的在用量大约 300 万台，国内的在用量大概 40 万台。近年来，国内焊接机器人的应用发展呈现出快速增长的势头，年平均增长率超过 40%。汽车、摩托车、农业机械、工程机械、机车车辆等工业部门是焊接机器人应用较多的部门。国内在用的焊接机器人中，90% 左右是国外品牌，主要有 OTC、发那科、松下、安川、不二越、川崎等日系品牌（约占 75%）和 KUKA、ABB、CLOOS、IGM、COMAU 等欧系品牌（约占 20%）；国产品牌的焊接机器人只占 10% 左右，主要有新松、时代、华恒、欢颜、新时达、埃夫特和埃斯顿等。随着国家对机器人制造技术的重视以及国内机器人制造商研发投入的不断增大，国产焊接机器人大量替代进口机器人已为期不远。

焊接机器人技术发展经历了三个阶段。第一代是示教再现型机器人。这类机器人的优点是操作简单。焊前需要通过示教器对机器人进行示教，将焊接路径和焊接参数存储到控制器中；实际焊接时机器人执行存储的程序，再现存储的路径和参数。其缺点是不具备对外部信息感知和反馈的能力，不能根据工作条件的变换修正路径或焊接参数。目前，这类焊接机器人依然是工业生产中应用最广的。第二代是具有感知能力的焊接机器人。这类机器人通常装有外部传感器，对外界环境条件的变换有一定的检测和反馈能力，焊接过程中可根据外界环境条件的变换修正路径或焊接参数，在焊前加工质量和装配质量不高的情况下也可保证良好的焊接质量。第三代是智能型机器人。这类机器人不但具备感知能力，而且具有独立判断、行动、记忆、推理和决策的能力，能适应外部环境的变化，自主调节焊接工艺参数，完成更加复杂的动作。目前这类机器人还处于研究开发阶段，尚未在工业中大量应用。

（2）焊接机器人的应用意义

焊接机器人的广泛应用对于促进焊接生产具有如下重要意义。

① 提高焊接质量和焊接质量的一致性。机器人焊接对操作工人技术水平的依赖性小，

重复性高，因此焊接质量和质量一致性均显著提高。

② 提高劳动生产率。一个焊接机器人工作站可配多个装配工作站，这样机器人可连续不断地进行焊接。随着高速高效焊接技术的应用，机器人焊接生产效率的提高将会更加显著。

③ 改善劳动条件。机器人焊接时，操作工人只需装卸工件，可远离焊接弧光、烟雾和飞溅等，工作环境显著改善，劳动强度也显著降低。

④ 易于控制生产周期。机器人的生产节拍不会受到外界因素的影响，生产周期容易确定，而且是固定的，生产计划易于落实。

⑤ 缩短产品改型周期，降低设备投资成本。与焊接专机或专用生产线相比，焊接机器人可通过修改程序来适应不同工件的生产，因此产品改型时效率高、成本低。

⑥ 基于焊接机器人的焊接生产线有利于将生产制造过程中的材料、半成品、成品、各种工艺参数等信息集中采集，实现信息化和智能化，便于进行质量控制、质量分析和成本控制。

1.3.3 焊接机器人的发展趋势

一方面，随着信息技术、计算机技术、控制技术及焊接技术的不断发展，焊接机器人技术越来越成熟，其性能越来越强大，而成本则越来越低。另一方面，目前劳动力越来越紧缺，劳动力成本不断上升，而且不断加剧的市场竞争要求焊接质量持续提升，急需利用焊接机器人代替工人进行焊接。近年来，我国为了促进机器人的发展及应用，推出了《工业和信息化部关于推进工业机器人发展的指导意见》《机器人产业发展规划（2016—2020年）》及《中国制造2025》等一系列相关产业政策。在政府的大力扶持下，我国机器人的制造水平和质量会迅速提高，工业机器人市场也会持续增长。工信部预计，2015—2025年这十年期间，工业机器人的年销量平均增长率在30%以上，工业机器人及外围部件的总市场份额将达到3500亿元左右。焊接机器人占工业机器人的40%，按照该比例计算，焊接机器人的市场份额接近1500亿元，发展空间巨大。

随着智能感知认知、多模态人机交互、云计算等智能化技术的不断成熟，工业机器人将向着智能型机器人快速演变，深度学习、多机协同等前瞻性技术也会在机器人中迅速推广，机器人系统的应用将更加普遍。从制造业对焊接需求的发展角度来看，焊接机器人系统的发展趋势主要有：

① 中厚板的机器人高效焊接技术及工艺；

② 小批量或单件大构件机器人自动焊接（如海洋工程和造船行业）；

③ 焊接电源的工艺性能进一步提高，适应性更广，更加数字化、智能化；

④ 焊接机器人系统更加智能化；

⑤ 各种智能传感技术在机器人中的应用更广泛；

⑥ 更强大的自适应软件支持系统；

⑦ 焊接机器人与上下游加工工序的融合和总线控制；

⑧ 焊接信息化及智能化与互联网融合，最终达到无人化智能工厂。

习题

1. 什么是机器人？根据用途，机器人分为几类？

2. 中国古代机器人记里鼓车可以测量行走里程并击鼓鸣钟，试分析其测量及击鼓鸣钟的原理和方法。

3. 试分析中国古代机器人相对于现代机器人的性能缺失。

4. 按照驱动方式，工业机器人分为几种？各有何优缺点？分别应用在哪些工业领域？

5. 按照坐标类型，工业机器人分为几种？各有何优缺点？分别应用在哪些工业领域？

6. 为什么现代工业中应用的机器人多数为关节型机器人？

7. 什么是机器人的关节？什么是机器人的轴数？关节数和轴数有何关系？对机器人的性能有何影响？

8. 什么是机器人的工作空间？工业中如何扩展机器人的工作空间？

9. 什么是机器人的分辨率？什么是机器人的定位精度？两者有何关系？

10. 简述焊接机器人在国内的应用现状，试分析其发展趋势。

第 2 章

机器人运动学基础

机器人是一个复杂的系统，包括机器人本体、驱动机构、控制器、末端执行机构、配套的工艺装备等，涉及数学、机械、电气、自动控制、传感技术、计算机科学、行动规划和应用工程等多门学科，因此机器人学是一门交叉学科。机器人系统设计、制造与应用的相关技术和科学称为机器人学，又称机器人工程学。机器人学的基础是机器人的运动控制原理以及机器人与其操作物体之间的关系。

2.1 位姿描述方法与坐标变换

2.1.1 位姿描述

机器人系统是通过末端执行器的复杂空间运动来执行并完成工作任务的，而末端执行器的运动是由机器人各个关节的运动合成的。末端执行器还要与配套的其他机加工装置或装配装置协调运动。因此，机器人运动学不仅要描述机械手单一刚体的位置、位移、速度和加速度，而且还要设计机械手各个刚体之间、机械手与周围其他刚体之间的运动关系。

在机器人运动学中，为了便于对各个关节和杆件的位置与运动进行描述和控制，各个杆件上均需要设置一特定的坐标系。每个杆件上各个质点的位置首先用杆件坐标系中的矢量描述，而各个杆件以及杆件与其他刚体之间的关系通过坐标变换来完成。常用的坐标变换为齐次变换。

机器人可用的坐标系有直角坐标系、圆柱坐标系和球面坐标系。工业机器人常用直角坐标系，下面将以直角坐标系为例来介绍位姿的描述方法。

（1）点位置描述

通常利用三个相互垂直的单位矢量表示一个直角坐标系。建立了直角坐标系 {A} 后，空间中任何一个点的位置都可用 3×1 位置矢量 $^A\boldsymbol{p}$ 来表示，如图 2-1 所示。

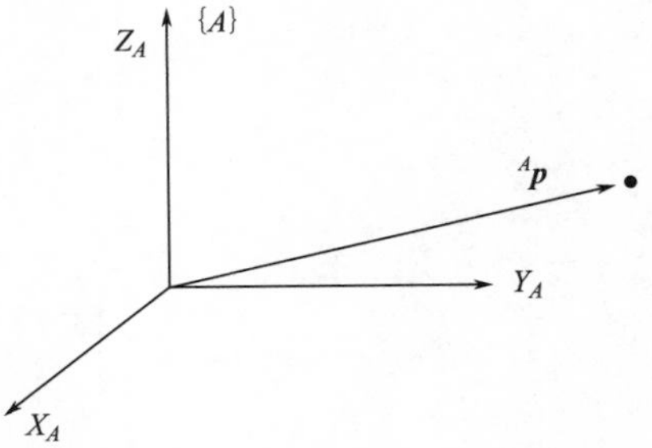

图 2-1 坐标系 {A} 中的位置矢量 $\boldsymbol{p}$

$$^A\boldsymbol{p} = \begin{bmatrix} p_x \\ p_y \\ p_z \end{bmatrix} \tag{2-1}$$

式中，A 表示矢量 $\boldsymbol{p}$ 是坐标系 $\{A\}$ 中的矢量；p_x、p_y 和 p_z 表示矢量 $\boldsymbol{p}$ 在坐标系 $\{A\}$ 三个坐标轴上的分量。

（2）姿态描述

为了确定机器人手臂某一杆件、末端执行器或加工部件等刚体的状态，仅仅描述一个点的位置是不够的，还要确定其方位，即姿态。例如，在图 2-2 中，末端执行器左下指端的位置可用 3×1 位置矢量 $^{A}\boldsymbol{p}$ 来表征。但在末端执行器左指端位置固定而姿态不同时，其上其他各个点的位置是不同的，末端执行器所处的状态就发生变化，因此用位置矢量 $^{A}\boldsymbol{p}$ 并不能唯一确定末端执行器的状态。为了完全确定其状态，需要设立一个与刚体杆件刚性连接的已知坐标系 $\{B\}$，如图 2-2 所示。坐标系 $\{B\}$ 的原点通常设置在刚体（此处为末端执行器）的某个特征点，例如质心、对称中心或某一端点。$\boldsymbol{i}_B$、$\boldsymbol{j}_B$ 和 $\boldsymbol{k}_B$ 为坐标系 $\{B\}$ 三个坐标轴上的单位矢量。相对于坐标系 $\{A\}$，这三个单位矢量记作 $^{A}\boldsymbol{i}_B$、$^{A}\boldsymbol{j}_B$ 和 $^{A}\boldsymbol{k}_B$。将这三个单位矢量用 3×3 矩阵来表示，可记作

$$^{A}\boldsymbol{R}_B = \begin{bmatrix} ^{A}\boldsymbol{i}_B & ^{A}\boldsymbol{j}_B & ^{A}\boldsymbol{k}_B \end{bmatrix} = \begin{bmatrix} r_{11} & r_{12} & r_{13} \\ r_{21} & r_{22} & r_{23} \\ r_{31} & r_{32} & r_{33} \end{bmatrix} \tag{2-2}$$

式中，$^{A}\boldsymbol{R}_B$ 称为旋转矩阵，A 表示相对于坐标系 $\{A\}$，B 表示被描述的是坐标系 $\{B\}$；r_{ij} 可用上面两个坐标系的主单位矢量计算。$\boldsymbol{i}_A$、$\boldsymbol{j}_A$ 和 $\boldsymbol{k}_A$ 为坐标系 $\{A\}$ 三个坐标轴上的单位矢量，则有

$$^{A}\boldsymbol{R}_B = \begin{bmatrix} ^{A}\boldsymbol{i}_B & ^{A}\boldsymbol{j}_B & ^{A}\boldsymbol{k}_B \end{bmatrix} = \begin{bmatrix} \boldsymbol{i}_B \times \boldsymbol{i}_A & \boldsymbol{j}_B \times \boldsymbol{i}_A & \boldsymbol{k}_B \times \boldsymbol{i}_A \\ \boldsymbol{i}_B \times \boldsymbol{j}_A & \boldsymbol{j}_B \times \boldsymbol{j}_A & \boldsymbol{k}_B \times \boldsymbol{j}_A \\ \boldsymbol{i}_B \times \boldsymbol{k}_A & \boldsymbol{j}_B \times \boldsymbol{k}_A & \boldsymbol{k}_B \times \boldsymbol{k}_A \end{bmatrix} \tag{2-3}$$

两个单位矢量的点积等于两个矢量夹角的余弦，因此上面矩阵中的各元素又称为方向余弦。这个矩阵唯一地表示了末端执行器的姿态。

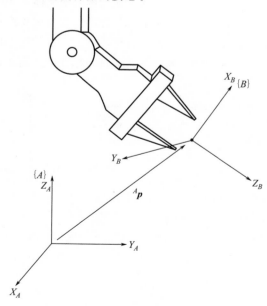

图 2-2　刚体位置和姿态的确定

（3）位姿描述坐标系公式

确定了刚体的位置和姿态，其状态就完全确定了。在机器人学中，通常选择刚体的某一特征点，确定该特征点在坐标系 $\{A\}$ 中的位置，以该特征点为原点建立坐标系 $\{B\}$。由该特征点的位置矢量 $^A\boldsymbol{p}_B$ 和旋转矩阵 $^A\boldsymbol{R}_B$ 分别描述刚体的位置和位姿，则其位姿用 $^A\boldsymbol{p}_{BO}$ 和 $^A\boldsymbol{R}_B$ 组成的矩阵来描述。

$$\{B\}=\begin{bmatrix} ^A\boldsymbol{p}_B & ^A\boldsymbol{R}_B \end{bmatrix} \tag{2-4}$$

2.1.2 坐标变换

（1）平移坐标变换

如果坐标系 $\{B\}$ 与 $\{A\}$ 具有相同的位向，仅仅是坐标原点不同，如图 2-3 所示，则可用位移矢量 $^A\boldsymbol{p}_{BO}$ 来描述 $\{B\}$ 相对于 $\{A\}$ 的位置。$^A\boldsymbol{p}_{BO}$ 称为 $\{B\}$ 相对于 $\{A\}$ 的平移矢量。对于在坐标系 $\{B\}$ 中已知的任意一点 p，其位置矢量为 $^B\boldsymbol{p}$，可利用下式计算其在 $\{A\}$ 中的位置矢量。

$$^A\boldsymbol{p} = {}^B\boldsymbol{p} + {}^A\boldsymbol{p}_{BO} \tag{2-5}$$

该式称为坐标平移方程。

（2）旋转坐标变换

如果坐标系 $\{B\}$ 与 $\{A\}$ 具有相同的坐标原点，仅仅是方位不同，如图 2-4 所示，则可用旋转矩阵 $^A\boldsymbol{R}_B$ 来描述 $\{B\}$ 相对于 $\{A\}$ 的方位。对于在坐标系 $\{B\}$ 中已知的任意一点 p，其位置矢量为 $^B\boldsymbol{p}$，可利用下式计算其在 $\{A\}$ 中的位置矢量。

$$^A\boldsymbol{p} = {}^A\boldsymbol{R}_B{}^B\boldsymbol{p} \tag{2-6}$$

该式称为坐标旋转方程。

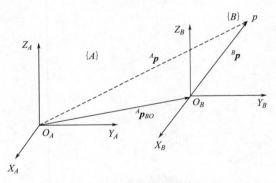

图 2-3 平移坐标变换

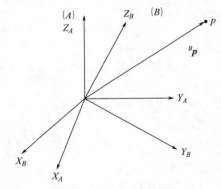

图 2-4 旋转坐标变换

（3）一般坐标系变换

最常遇到的情况是坐标系 $\{B\}$ 与 $\{A\}$ 的位向和原点均不相同，如图 2-5 所示。这种情况下，需要进行复合变换。$\{B\}$ 坐标系原点相对于 $\{A\}$ 坐标系原点的位置用位移矢量 $^A\boldsymbol{p}_{BO}$ 来描述，$\{B\}$ 坐标系相对于 $\{A\}$ 坐标系的方位用旋转矩阵 $^A\boldsymbol{R}_B$ 来描述。通过引入一中间坐标系，可将坐标系 $\{B\}$ 中任意已知点 p 的位置矢量 $^B\boldsymbol{p}$ 变换为相对于 $\{A\}$ 的位置矢量。设定一个坐标系 $\{C\}$，原点与 $\{B\}$ 相同，方位与 $\{A\}$ 相同。首先通过坐标旋转方程

将 $^B\boldsymbol{p}$ 从 $\{B\}$ 变换到 $\{C\}$，然后再通过坐标平移方程将其从 $\{C\}$ 变换到 $\{A\}$，可得

$$^A\boldsymbol{p} = {}^A\boldsymbol{R}_B{}^B\boldsymbol{p} + {}^A\boldsymbol{p}_{BO} \tag{2-7}$$

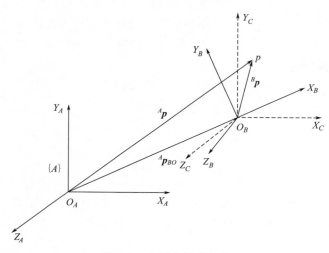

图 2-5   一般坐标系变换

（4）齐次变换

机器人学中，各个刚性杆件之间运动关系的分析方法有多种，齐次变换是最常用的一种，其特点是直观、方便、计算速度快。利用齐次变换将一个矢量从一个坐标系变换到另一个坐标系时，可同时完成平移和旋转操作。若要进行齐次变换，必须将矢量用齐次坐标系描述。

所谓齐次坐标，就是将 n 维直角坐标系的 n 维向量用 $n+1$ 维向量来表示。对于空间向量 p

$$\boldsymbol{p} = \begin{bmatrix} p_x \\ p_y \\ p_z \end{bmatrix} \tag{2-8}$$

引入一个比例因子 w，将 $\boldsymbol{p}$ 写为

$$\boldsymbol{p} = \begin{bmatrix} x \\ y \\ z \\ w \end{bmatrix} \tag{2-9}$$

其中

$$x = wp_x \quad\quad y = wp_y \quad\quad z = wp_z$$

这种表示方法称为齐次坐标。w 作为第四个元素，可任意变化，向量大小也会发生变化。当 $w=1$ 时，向量大小不变；当 $w=0$ 时，向量无穷大；$w>1$ 时，向量被放大，而 $w<1$ 时，向量被缩小。这里，向量的长度并不重要，重要的是向量方向。

1）平移齐次变换

如图 2-3 所示，坐标系 $\{B\}$ 与 $\{A\}$ 具有相同的位向，仅仅是坐标原点不同，用位移矢量 $^A\boldsymbol{p}_{BO}$ 来描述 $\{B\}$ 相对于 $\{A\}$ 的位置，$^A\boldsymbol{p}_{BO}$ 称为 $\{B\}$ 相对于 $\{A\}$ 的平移矢量。对于坐标系 $\{B\}$ 中位置矢量为 $^B\boldsymbol{p} = [x_B \quad y_B \quad z_B \quad 1]^T$ 的任意一点 p，如果已知 $^A\boldsymbol{p}_{BO} = a\boldsymbol{i}_A +$

$b\boldsymbol{j}_A + c\boldsymbol{k}_A$（其中，$\boldsymbol{i}_A$、$\boldsymbol{j}_A$ 和 $\boldsymbol{k}_A$ 为坐标系 $\{A^2\}$ 的三个坐标轴上的单位矢量），则其在 $\{A\}$ 中的位置矢量可利用下式计算。

$$^A\boldsymbol{p} = {}^B\boldsymbol{p} + {}^A\boldsymbol{p}_{BO} = \begin{bmatrix} a+\dfrac{x}{w} \\ b+\dfrac{y}{w} \\ c+\dfrac{z}{w} \\ 1 \end{bmatrix} = \begin{bmatrix} x+aw \\ y+bw \\ z+cw \\ w \end{bmatrix} = \begin{bmatrix} 1 & 0 & 0 & a \\ 0 & 1 & 0 & b \\ 0 & 0 & 1 & c \\ 0 & 0 & 0 & 1 \end{bmatrix} \begin{bmatrix} x \\ y \\ z \\ w \end{bmatrix}$$

$$= \begin{bmatrix} 1 & 0 & 0 & a \\ 0 & 1 & 0 & b \\ 0 & 0 & 1 & c \\ 0 & 0 & 0 & 1 \end{bmatrix} {}^B\boldsymbol{p} \tag{2-10}$$

也就是说，通过 $\begin{bmatrix} 1 & 0 & 0 & a \\ 0 & 1 & 0 & b \\ 0 & 0 & 1 & c \\ 0 & 0 & 0 & 1 \end{bmatrix}$ 可将 $\{B\}$ 中已知的任意一矢量转换为 $\{A\}$ 中的矢量。

因此称该矩阵为齐次平移变换矩阵，记作

$$\boldsymbol{H} = \mathrm{Trans}(a,b,c) = \begin{bmatrix} 1 & 0 & 0 & a \\ 0 & 1 & 0 & b \\ 0 & 0 & 1 & c \\ 0 & 0 & 0 & 1 \end{bmatrix} \tag{2-11}$$

2）旋转齐次变换

如图 2-4 所示，对于坐标系 $\{B\}$ 中位置矢量为 ${}^B\boldsymbol{p} = [x_B,\ y_B,\ z_B,\ 1]^T$ 已知的任意一点 p，如果假定它在坐标系 $\{A\}$ 中的位置矢量记为 ${}^A\boldsymbol{p} = [x_A,\ y_A,\ z_A,\ 1]^T$，则 x_A、y_A 和 z_A 可用向量的点积公式计算。

$$x_A = \boldsymbol{i}_A \times {}^B\boldsymbol{p} = \boldsymbol{i}_A \times \boldsymbol{i}_B x_B + \boldsymbol{i}_A \times \boldsymbol{j}_B y_B + \boldsymbol{i}_A \times \boldsymbol{k}_B z_B \tag{2-12}$$

$$y_A = \boldsymbol{j}_A \times {}^B\boldsymbol{p} = \boldsymbol{j}_A \times \boldsymbol{i}_B x_B + \boldsymbol{j}_A \times \boldsymbol{j}_B y_B + \boldsymbol{j}_A \times \boldsymbol{k}_B z_B \tag{2-13}$$

$$z_A = \boldsymbol{k}_A \times {}^B\boldsymbol{p} = \boldsymbol{k}_A \times \boldsymbol{i}_B x_B + \boldsymbol{k}_A \times \boldsymbol{j}_B y_B + \boldsymbol{k}_A \times \boldsymbol{k}_B z_B \tag{2-14}$$

式中，$\boldsymbol{i}_B$、$\boldsymbol{j}_B$ 和 $\boldsymbol{k}_B$ 为坐标系 $\{B\}$ 三个坐标轴上的单位矢量；$\boldsymbol{i}_A$、$\boldsymbol{j}_A$ 和 $\boldsymbol{k}_A$ 为坐标系 $\{A\}$ 三个坐标轴上的单位矢量。

用矩阵形式表示如下。

$$^A\boldsymbol{p} = \begin{bmatrix} x_A \\ y_A \\ z_A \\ 1 \end{bmatrix} = \begin{bmatrix} \boldsymbol{i}_A \times \boldsymbol{i}_B x_B + \boldsymbol{i}_A \times \boldsymbol{j}_B y_B + \boldsymbol{i}_A \times \boldsymbol{k}_B z_B \\ \boldsymbol{j}_A \times \boldsymbol{i}_B x_B + \boldsymbol{j}_A \times \boldsymbol{j}_B y_B + \boldsymbol{j}_A \times \boldsymbol{k}_B z_B \\ \boldsymbol{k}_A \times \boldsymbol{i}_B x_B + \boldsymbol{k}_A \times \boldsymbol{j}_B y_B + \boldsymbol{k}_A \times \boldsymbol{k}_B z_B \\ 1 \end{bmatrix} = \begin{bmatrix} \boldsymbol{i}_B \times \boldsymbol{i}_A & \boldsymbol{j}_B \times \boldsymbol{i}_A & \boldsymbol{k}_B \times \boldsymbol{i}_A & 0 \\ \boldsymbol{i}_B \times \boldsymbol{j}_A & \boldsymbol{j}_B \times \boldsymbol{j}_A & \boldsymbol{k}_B \times \boldsymbol{j}_A & 0 \\ \boldsymbol{i}_B \times \boldsymbol{k}_A & \boldsymbol{j}_B \times \boldsymbol{k}_A & \boldsymbol{k}_B \times \boldsymbol{k}_A & 0 \\ 0 & 0 & 0 & 1 \end{bmatrix} \begin{bmatrix} x_B \\ y_B \\ z_B \\ 1 \end{bmatrix}$$

$$= \begin{bmatrix} \boldsymbol{i}_B \times \boldsymbol{i}_A & \boldsymbol{j}_B \times \boldsymbol{i}_A & \boldsymbol{k}_B \times \boldsymbol{i}_A & 0 \\ \boldsymbol{i}_B \times \boldsymbol{j}_A & \boldsymbol{j}_B \times \boldsymbol{j}_A & \boldsymbol{k}_B \times \boldsymbol{j}_A & 0 \\ \boldsymbol{i}_B \times \boldsymbol{k}_A & \boldsymbol{j}_B \times \boldsymbol{k}_A & \boldsymbol{k}_B \times \boldsymbol{k}_A & 0 \\ 0 & 0 & 0 & 1 \end{bmatrix} {}^B\boldsymbol{p} \tag{2-15}$$

因此，旋转变换矩阵可表示为

$$
{}^A\boldsymbol{R}_B = \begin{bmatrix} \boldsymbol{i}_B \times \boldsymbol{i}_A & \boldsymbol{j}_B \times \boldsymbol{i}_A & \boldsymbol{k}_B \times \boldsymbol{i}_A & 0 \\ \boldsymbol{i}_B \times \boldsymbol{j}_A & \boldsymbol{j}_B \times \boldsymbol{j}_A & \boldsymbol{k}_B \times \boldsymbol{j}_A & 0 \\ \boldsymbol{i}_B \times \boldsymbol{k}_A & \boldsymbol{j}_B \times \boldsymbol{k}_A & \boldsymbol{k}_B \times \boldsymbol{k}_A & 0 \\ 0 & 0 & 0 & 1 \end{bmatrix} \tag{2-16}
$$

${}^A\boldsymbol{R}_B$ 中第一列元素为坐标系 $\{B\}$ 的 X 轴单位矢量在坐标系 $\{A\}$ 三个轴向上的投影分量，第二和第三列元素分别为坐标系 $\{B\}$ 的 Y 轴和 Z 轴单位矢量在坐标系 $\{A\}$ 三个轴向上的投影分量。这三列分别表示坐标系 $\{B\}$ 的三个轴在坐标系 $\{A\}$ 中的方向。

坐标系 $\{B\}$ 绕坐标系 $\{A\}$ 单个轴的转动称为基本转动，这种转动的变换矩阵称为基本转动矩阵。如果转动角度为 α，则三个基本转动矩阵可表示为

$$
\mathrm{Rot}(x,\theta) = \begin{bmatrix} 1 & 0 & 0 & 0 \\ 0 & \cos\alpha & -\sin\alpha & 0 \\ 0 & \sin\alpha & \cos\alpha & 0 \\ 0 & 0 & 0 & 1 \end{bmatrix} \tag{2-17}
$$

$$
\mathrm{Rot}(y,\theta) = \begin{bmatrix} \cos\alpha & 0 & \sin\alpha & 0 \\ 0 & 1 & 0 & 0 \\ -\sin\alpha & 0 & \cos\alpha & 0 \\ 0 & 0 & 0 & 1 \end{bmatrix} \tag{2-18}
$$

$$
\mathrm{Rot}(z,\theta) = \begin{bmatrix} \cos\alpha & -\sin\alpha & 0 & 0 \\ \sin\alpha & \cos\alpha & 0 & 0 \\ 0 & 0 & 1 & 0 \\ 0 & 0 & 0 & 1 \end{bmatrix} \tag{2-19}
$$

3）复合齐次变换

机器人操作过程中，某一刚性杆件在参考坐标系中的运动通常是由平移和旋转等基本运动构成的复杂运动。运动前后的位置可通过复合齐次变换来描述。与刚性杆件相连的坐标系是运动坐标系，通常利用某一固定坐标系作为参考坐标系。

复合齐次变换是基本齐次变换矩阵的乘积，计算时注意基本矩阵的位置要按照变换的顺序来排列。由于每次变换时，变换矩阵都是左乘运动坐标系中的矢量，因此，先进行的变换之基本变换矩阵排在右边，即从运动坐标系向参考坐标系进行复合变换时，是按照从右向左的顺序依次变换的。顺序不得颠倒，这是因为矩阵乘法不满足交换律。

例如参考坐标系 $\{A\}$ 为 $OXYZ$，运动坐标系 $\{B\}$ 可通过如下操作得到：首先绕 X 轴旋转 α，然后绕 Y 轴旋转 ϕ，最后相对于参考坐标系原点移动位置向量 $[a,b,c]^\mathrm{T}$，求复合齐次变换矩阵 ${}^A\boldsymbol{T}_B$。

求解：

第一个基本变换矩阵为

$$
\boldsymbol{T}_1 = \mathrm{Rot}(x,\theta) = \begin{bmatrix} 1 & 0 & 0 & 0 \\ 0 & \cos\alpha & -\sin\alpha & 0 \\ 0 & \sin\alpha & \cos\alpha & 0 \\ 0 & 1 & 0 & 1 \end{bmatrix} \tag{2-20}
$$

第二个基本变换矩阵为

$$T_2 = \text{Rot}(y, \phi) = \begin{bmatrix} \cos\phi & 0 & \sin\phi & 0 \\ 0 & 1 & 0 & 0 \\ -\sin\phi & 0 & \cos\phi & 0 \\ 0 & 0 & 0 & 1 \end{bmatrix} \tag{2-21}$$

第三个基本变换矩阵为

$$T_3 = \text{Trans}(a, b, c) = \begin{bmatrix} 1 & 0 & 0 & a \\ 0 & 1 & 0 & b \\ 0 & 0 & 1 & c \\ 0 & 0 & 0 & 1 \end{bmatrix} \tag{2-22}$$

坐标系 $\{B\}$ 中的任一矢量 $^B p$ 经第一次变换后为 $T_1{}^B p$，第二次变换后为 $T_2 T_1{}^B p$，第三次变换后为 $T_3 T_2 T_1{}^B p$，则有

$$^A T_B = T_3 T_2 T_1 = \begin{bmatrix} 1 & 0 & 0 & a \\ 0 & 1 & 0 & b \\ 0 & 0 & 1 & c \\ 0 & 0 & 0 & 1 \end{bmatrix} \begin{bmatrix} \cos\phi & 0 & \sin\phi & 0 \\ 0 & 1 & 0 & 0 \\ -\sin\phi & 0 & \cos\phi & 0 \\ 0 & 0 & 0 & 1 \end{bmatrix} \begin{bmatrix} 1 & 0 & 0 & 0 \\ 0 & \cos\alpha & -\sin\alpha & 0 \\ 0 & \sin\alpha & \cos\alpha & 0 \\ 0 & 0 & 0 & 1 \end{bmatrix} \tag{2-23}$$

利用 $^A T_B$ 可将运动坐标系 $\{B\}$ 中的任何向量变换为相对于参考坐标系 $\{A\}$ 中的向量。

这里要注意，上面阐述的变换操作均是相对于参考坐标系，也就是说所有的旋转和平移都是相对于参考坐标系测量的。如果这些操作是相对于当前坐标系（运动坐标系），则矢量相对于参考坐标系变换时应该将基本变换矩阵右乘而不是左乘。因此，在计算总变换矩阵时，先进行的变换之基本变换矩阵排在左边，按照从左向右的顺序依次排列。

对于给定坐标系 $\{A\}$、$\{B\}$ 和 $\{C\}$，如果已知 $\{B\}$ 相对 $\{A\}$ 的复合变换为 $^A T_B$，$\{C\}$ 相对 $\{B\}$ 的复合变换为 $^B T_C$，则 $\{C\}$ 相对 $\{A\}$ 的复合变换 $^A T_C$ 可由下式计算。

$$^A T_C = {^A T_B}\,{^B T_C} \tag{2-24}$$

（5）齐次逆变换

从运动坐标系 $\{B\}$ 向参考坐标系 $\{A\}$ 的向量变换矩阵为 $^A T_B$，而从参考坐标系 $\{A\}$ 向运动坐标系 $\{B\}$ 的向量变换称为齐次逆变换，其变换矩阵为 $^B T_A$。由于

$$^B T_A = {^B T_A^{-1}} \tag{2-25}$$

因此，如果从运动坐标系 $\{B\}$ 向参考坐标系 $\{A\}$ 的齐次变换为

$$^A T_B = \begin{bmatrix} m_x & n_x & o_x & p_x \\ m_y & n_y & o_y & p_y \\ m_z & n_z & o_z & p_x \\ 0 & 0 & 0 & 1 \end{bmatrix} \tag{2-26}$$

则有

$$^B T_A = \begin{bmatrix} m_x & m_y & m_z & -\boldsymbol{p} \times \boldsymbol{m} \\ n_x & n_y & n_z & -\boldsymbol{p} \times \boldsymbol{n} \\ o_x & o_z & o_z & -\boldsymbol{p} \times \boldsymbol{o} \\ 0 & 0 & 0 & 1 \end{bmatrix} \tag{2-27}$$

式中，$\boldsymbol{m}$、$\boldsymbol{n}$、$\boldsymbol{o}$ 和 $\boldsymbol{p}$ 为四个列矢量。

$$\boldsymbol{m} = [m_x, m_y, m_z]^\mathrm{T} \tag{2-28}$$

$$\boldsymbol{n} = [n_x, n_y, n_z]^T \tag{2-29}$$

$$\boldsymbol{o} = [o_x, o_y, o_z]^T \tag{2-30}$$

$$\boldsymbol{p} = [p_x, p_y, p_z]^T \tag{2-31}$$

（6）变换方程

若要描述或控制机器人的运动，就必须建立机器人各个刚性杆件之间、机器人与环境之间的运动关系。这需要在各个杆件上建立动坐标系，根据环境情况建立参考坐标系，而且要确定各个坐标系之间的变换关系。空间内任意刚体的位姿可以用多种方法来描述，但不管用哪种方法，得到的结果应该都是相同的，这实际上就是矢量守恒理论（从一点出发到另外一点，不管路径如何，其矢量是一定的）。机器人学中的变换方程就是根据该理论建立的。

下面以焊接机器人为例进行叙述，如图 2-6 所示。焊接时，焊枪坐标系相对于工件坐标系的位姿直接决定了焊接质量，这是机器人最终规划的目标。而机器人是不能直接控制焊枪的，需要通过其他杆件和关节来间接控制。为了描述焊枪坐标系相对于工件坐标系的位姿 $^G\boldsymbol{T}_T$，可建立 $\{B\}$、$\{S\}$、$\{G\}$、$\{W\}$ 和 $\{T\}$ 等几个坐标系。$\{B\}$ 为参考坐标系；$\{S\}$ 为工作台坐标系；$\{G\}$ 为工件坐标系（目标坐标系）；$\{W\}$ 为腕部坐标系；$\{T\}$ 为焊枪坐标系。

通常用空间向量图来控制焊枪坐标系相对于工件坐标系的位姿 $^G\boldsymbol{T}_T$，如图 2-7 所示。

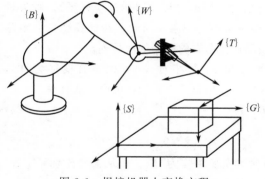

图 2-6 焊接机器人变换方程

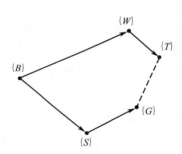

图 2-7 焊接机器人尺寸链

焊枪坐标系相对于参考坐标系的位姿可通过 B-W-T 路径进行描述，也可通过 B-S-G-T 路径进行描述，具体如下：

$$^B\boldsymbol{T}_T = {}^B\boldsymbol{T}_W{}^W\boldsymbol{T}_T \tag{2-32}$$

$$^B\boldsymbol{T}_T = {}^B\boldsymbol{T}_S{}^S\boldsymbol{T}_G{}^G\boldsymbol{T}_T \tag{2-33}$$

由于上述两个变换的始点和终点相同，因此有

$$^B\boldsymbol{T}_W{}^W\boldsymbol{T}_T = {}^B\boldsymbol{T}_S{}^S\boldsymbol{T}_G{}^G\boldsymbol{T}_T \tag{2-34}$$

上式中的任何一个矩阵都可以利用其他的已知矩阵来计算。例如，$^B\boldsymbol{T}_S$、$^S\boldsymbol{T}_G$、$^G\boldsymbol{T}_T$ 和 $^B\boldsymbol{T}_W$ 已知，可利用下式求出 $^W\boldsymbol{T}_T$。

$$^W\boldsymbol{T}_T = {}^B\boldsymbol{T}_W^{-1}{}^B\boldsymbol{T}_S{}^S\boldsymbol{T}_G{}^G\boldsymbol{T}_T \tag{2-35}$$

而

$$^B\boldsymbol{T}_T = {}^B\boldsymbol{T}_W{}^W\boldsymbol{T}_T = {}^B\boldsymbol{T}_W{}^B\boldsymbol{T}_W^{-1}{}^B\boldsymbol{T}_S{}^S\boldsymbol{T}_G{}^G\boldsymbol{T}_T \tag{2-36}$$

2.2 机器人运动学

机器人运动学是研究机器人位移、姿态、速度和加速度（不涉及力、力矩和质量等因素）的学科。由于位移或角度的一阶导数就是速度，二阶导数就是加速度，因此机器人运动学主要研究机器人位姿（位置和姿态）及其与各个关节矢量之间的关系。机器人本体实际上是由若干个刚性杆件通过关节连接起来的连杆机构，这些刚性杆件称为连杆。连接连杆的关节通常为一个自由度的关节。根据运动形式，机器人本体的单自由度关节主要有移动关节和转动关节两类。极少数情况下，机器人还使用多自由度的关节。对于 n 自由度关节，通常看作由 n 个单自由度关节与 $n-1$ 个长度为零的连杆连接而成的组合关节。

若要进行机器人运动学分析，首先应建立机器人运动方程（又称位姿方程，机器人运动方程是机器人运动分析的基础）。其基本步骤为：首先在每一个连杆上建立一个连杆坐标系，用齐次变换来描述这些坐标系之间的位姿关系，然后再按照上节阐述的齐次变换方程就可建立机器人运动方程。

2.2.1 连杆运动参数

在机器人运动学分析过程中，通常忽略连杆的横截面大小、刚度和强度以及关节轴的类型、外形、重量和转动惯量等，把连杆看作一个限定相邻两关节轴位置关系的刚体，把关节轴看作直线或矢量。这样就可方便地描述任意一个连杆的状态和相邻连杆之间的关系了。

为了便于描述，通常对机器人本体的各个连杆进行编号，将其基座命名为连杆 0，第一个可动连杆命名为连杆 1，以此类推，第 i 个连杆称为连杆 i，机器人手臂最末端的连杆称为连杆 n。

（1）连杆自身状态的描述

连杆自身的状态可用连杆的长度和连杆扭转角两个参数来描述。例如，中间连杆 $i-1$ 可用下列两个参数描述，如图 2-8 所示。

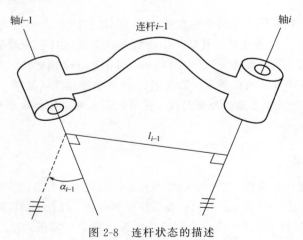

图 2-8　连杆状态的描述

① 连杆长度 l_{i-1}　指连杆两端关节轴之间的距离，即两关节轴之间的公垂线长度，如图 2-8 所示。在运动学分析中，公垂线 l_{i-1} 代表连杆 $i-1$ 的长度，连杆方向定义为从关节轴

$i-1$ 到关节轴 i 的方向。当关节轴 i 和关节轴 $i-1$ 相交时，连杆 $i-1$ 的长度 $l_{i-1}=0$。

② 连杆扭转角 α_{i-1}　指连杆两端关节轴之间的夹角，如图 2-8 所示。当关节轴 i 和关节轴 $i-1$ 平行时，$\alpha_{i-1}=0$。

对于首尾连杆，有如下约定。

$$l_0=l_n=0 \qquad \alpha_0=\alpha_n=0$$

（2）连杆的连接关系

相邻两连杆是通过一个关节连接起来的，这两个连杆之间的连接关系可用该关节的两个参数描述。例如连杆 $i-1$ 和连杆 i 通过关节 i 相连，两者之间的连接关系可用下列两个关节轴 i 的参数来描述。

① 关节轴 i 的连杆间距 d_i　两个相邻连杆的公垂线 l_{i-1} 和 l_i 之间的距离，如图 2-9 所示。

② 关节轴 i 的关节角 θ_i　两个相邻连杆的公垂线 l_{i-1} 和 l_i 之间的夹角，如图 2-9 所示。

当关节 i 为移动关节时，连杆间距 d_i 是变量；当关节 i 为转动关节时，关节角 θ_i 是变量。

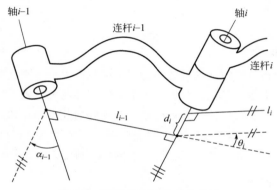

图 2-9　两相邻连杆关系的描述

（3）连杆运动参数

每个连杆的运动均可用上述四个参数来描述，例如连杆 $i-1$ 可用 $(l_{i-1}，\alpha_{i-1}，d_i，\theta_i)$ 描述。对于移动关节，d_i 为变量，其他三个参数固定不变。对于转动关节，θ_i 为变量，其他三个参数固定不变。这种描述方法称为 Denavit-Hartenberg 描述法，是机器人学中应用最广泛的方法。对于一个 6 关节机器人，需要用 24 个参数来描述，其中 18 个描述参数是固定参数，6 个描述参数是变动参数，也就是说 6 关节机器人的描述参数中有 6 个变量，因此称为 6 自由度机器人。

2.2.2　连杆坐标系

机器人的每个连杆上均建立了一个固联坐标系，以便于通过齐次坐标变换将各个连杆之间的运动关系联系起来，以确定末端执行器的位姿和运动。连杆 i 的固联坐标系称为坐标系 $\{i\}$。基座坐标系（连杆 0）$\{0\}$ 为一个固定坐标系，其他坐标系为动坐标系。通常将坐标系 $\{0\}$ 作为参考坐标系，利用该坐标系描述其他坐标系的位置。理论上讲，各个杆件的固联坐标系可任意设定，但为方便起见，通常按照图 2-10 所示的原则来建立杆件固联坐标系。

① 坐标系 $\{i\}$ 的轴 Z_i 与关节轴 i 重合，其方向为指向关节 i；

② 其原点建立在公垂线 l_i 与关节轴 i 的交点上。

③ 轴 X_i 与 l_i 重合并指向关节 $i+1$；

④ 轴 Y_i 根据右手定则确定。

一般将关节矢量为 0 时关节 1 的坐标系 {1} 定义为参考坐标系 {0}，这样总有 $l_0=0$ 和 $\alpha_0=0$；而且如果关节 1 为转动关节，$d_1=0$，如果关节 1 为移动关节，$\theta_1=0$。

对于末端连杆坐标系 {n}，如果关节 n 为转动关节，设定 X_n 与 X_{n-1} 方向相同（即 $\theta_n=0$），而其坐标原点的设定应使得 $d_n=0$；如果关节 n 为移动关节，设定坐标系 {n} 的原点为 X_{n-1} 与关节轴 n 的交点（即 $d_n=0$），而 X_n 轴的方向设定应使得 $\theta_n=0$。

按照上述规则建立坐标系后，连杆参数 $(l_{i-1}, \alpha_{i-1}, d_i, \theta_i)$ 可按照下面的规则定义。

l_{i-1} 为沿着 X_{i-1} 方向从 Z_{i-1} 到 Z_i 的距离；

α_{i-1} 为绕 X_{i-1} 轴从 Z_{i-1} 旋转到 Z_i 的角度；

d_i 为沿着 Z_i 方向从 X_{i-1} 到 X_i 的距离；

θ_i 为绕 Z_i 轴从 X_{i-1} 旋转到 X_i 的角度；

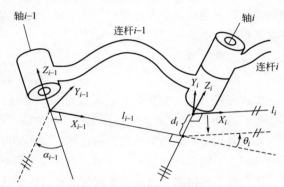

图 2-10　连杆坐标系的建立

对于弧焊机器人，工具坐标系建立在焊枪的焊丝端部。通常把焊丝端部作为原点，焊丝向工件送进方向作为 Z 轴，面向机器人手臂本体看，水平向左方向为 Y 轴，离开机器人本体方向为 X 方向。

2.2.3　连杆变换矩阵

若要将各个连杆的运动联系起来，仅仅建立连杆坐标系是不够的，还要确定各个连杆之间的变换关系。坐标系 {i} 相对于 {i−1} 的变换记作 $^{i-1}\boldsymbol{T}_i$。将坐标系 {i} 中的任意一个矢量 $^i\boldsymbol{p}$ 变换到 {i−1} 中，可先将其绕 X_{i-1} 轴旋转 α_{i-1}，再沿着 X_{i-1} 轴平移 l_{i-1}，然后绕 Z_{i-1} 轴旋转 θ_i，最后沿着 Z_{i-1} 轴平移 d_i，即

$$^{i-1}\boldsymbol{T}_i = \mathrm{Rot}(x, \alpha_{i-1})\mathrm{Trans}(l_{i-1},0,0)\mathrm{Rot}(z, \theta_i)\mathrm{Trans}(0,0,d_i) \tag{2-37}$$

转化为矩阵可表达为

$$^{i-1}\boldsymbol{T}_i = \begin{bmatrix} \cos\theta_i & -\sin\theta_i & 0 & l_{i-1} \\ \sin\theta_i\cos\alpha_{i-1} & \cos\theta_i\cos\alpha_{i-1} & -\sin\alpha_{i-1} & -d_i\sin\alpha_{i-1} \\ \sin\theta_i\sin\alpha_{i-1} & \cos\theta_i\sin\alpha_{i-1} & \cos\alpha_{i-1} & d_i\cos\alpha_{i-1}1 \\ 0 & 0 & 0 & 1 \end{bmatrix} \tag{2-38}$$

一般情况下，每个关节只有一个自由度。对于转动关节，连杆参数 $(l_{i-1}, \alpha_{i-1}, d_i, \theta_i)$ 中只有 θ_i 为变量，因此 $^{i-1}\boldsymbol{T}_i = f(\theta_i)$；对于移动关节，只有 d_i 为变量，因此 $^{i-1}\boldsymbol{T}_i = f(d_i)$。

2.2.4　机器人运动学方程

对于 n 自由度机器人，将 n 个连杆变换矩阵相乘，即可得到机器人运动学方程

$$^0T_n = {}^0T_1{}^1T_2\cdots{}^{n-1}T_n \tag{2-39}$$

式中，^0T_n 是机器人手臂末端执行器坐标系 $\{n\}$ 相对于参考坐标系 $\{0\}$ 的变化。如果确定了机器人各个关节的变量，即所有的 $^{i-1}T_i$ 是确定的，就可以确定末端执行器相对于机器人参考坐标系的位姿，这是运动学正问题。运动学正问题的解是唯一的，各个关节的矢量确定后，末端执行器的位姿是唯一确定的。

对于给定机械臂，已知末端执行器在参考系中的期望位置和姿态^0T_n，求各关节矢量$^{i-1}T_i = f(\theta_i)$，这是运动学逆问题。机器人运动学的逆问题在工程应用上更为重要，它是机器人运动规划和轨迹控制的基础。逆问题的解不是唯一的，也可能不存在解。逆问题的求解仍然利用上述运动学方程进行。其求解方法是方程两端不断左乘各个连杆矩阵的逆矩阵，依次求出 θ_1、θ_2、$\cdots$、θ_n。

通过左乘 $(^0T_1)^{-1}$ 得到

$$(^0T_1)^{-1}{}^0T_n = {}^1T_2\cdots{}^{n-1}T_n \tag{2-40}$$

上式左端只有一个变量 θ_1，通过对两边进行矩阵变换，比较两边的对应元素可求出关节变量 θ_1。将 θ_1 再代入上式后可用同样的方法求出 θ_2，以此类推可求出任意变量 θ_i。

无论是机器人运动学正问题的计算还是逆问题的计算，或者末端执行器的路径规划，均是由机器人系统自己完成的。例如，用户只需给出末端执行器期望的位姿，通过一定的交互方式进行简单的描述，机器人系统便能自己确定达到期望位姿的准确路径和速度。很多运动学逆问题有多个解，但大部分应用情况下并不需要计算出所有解，以节省时间。

对于示教型机器人，示教点就是末端执行器期望达到的点。示教过程中，操作人员通过示教器控制末端执行器达到该点时，机器人记下示教点和插补点在参考坐标系下的直角坐标，其控制器仅需进行简单的逆运动学计算就可求出各个关节的关节角。

2.3　机器人运动控制

焊接机器人是多关节机器人，难以对末端执行机构进行直接控制，只能通过控制各关节的运动来实现对末端执行器运动的控制。每个关节的运动均由一个伺服控制系统来完成，各个伺服系统协同工作合成机器人末端执行器的运动。因此机器人的控制需要两个层次的控制，如图 2-11 所示。第一个层次是各个关节电动机的伺服控制。第二个层次是各个关节运动的协调控制，通常由上位计算机来实现。上位计算机除了协调各个关节的运动，实现预期轨迹以外，还可实现人机交互并完成其他管理任务。

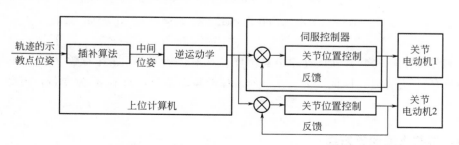

图 2-11　机器人运动控制系统框图

（1）关节的伺服控制

无论是点位运动控制还是连续轨迹运动控制，焊接机器人均是通过控制各时刻的位置来实现的，因此各个关节的运动控制系统实际上是位置控制系统。在此基础上，焊接机器人还采用传感器对实际的位置或运动进行了实时检测，通过反馈控制来提高运动精度，使其末端执行器准确地实现期望的位姿和轨迹。焊接机器人的所有关节均为转动关节，其位置控制为角位置控制。图 2-12 给出了典型机器人关节角位置闭环控制系统框图。θ_g 为关节角给定值，由上位计算机通过逆运动学计算求出。三环结构的关节角位置闭环控制系统利用一定的算法计算出各个关节角的实际控制量 θ_d，控制驱动元件运动，准确实现期望的位姿。

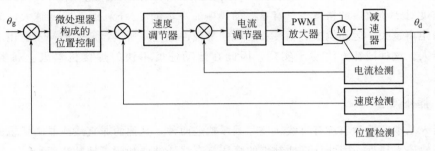

图 2-12　典型机器人关节角位置闭环控制系统框图

位置控制器采用的控制算法有 PID 控制、变结构控制、自适应控制等几种。焊接机器人的伺服控制器主要采用了 PID 控制，即比例、积分、微分控制（它是最常用的一种控制算法）。变结构控制指控制系统中具有多个控制器，根据一定的规则在不同的情况下采用不同的控制器。自适应控制是指系统检测到不确定的干扰后，自动按照某一控制策略做出相应的调整，自动适应外界环境条件的变化，使系统输出量的性能指标达到并保持最优。

（2）关节运动合成控制

各个关节伺服控制系统控制各个关节，使其关节角达到期望值，那么机器人各个关节的期望关节角是如何确定的呢？这是上位计算机控制系统要解决的问题，下面以示教型机器人为例说明其工作原理。

焊接前，利用示教器将焊接过程中焊枪应走的轨迹示教给机器人。首先需要操作人员把复杂的轨迹曲线分解成多段直线和圆弧，然后再对这些直线和圆弧进行示教。直线仅需要示教两个特征点，即始点和终点；圆弧需要示教三个点。示教完成并储存了示教程序后，机器人就记住了示教的这些点。机器人控制器利用示教点的直角坐标系（参考坐标系）坐标，通过进行逆运动学计算求出各个关节的关节角给定值 θ_g。轨迹上的其他各个点由上位计算机通过直线插补或圆弧插补算法求出，计算出的插补点的坐标也是直角坐标系（参考坐标系）下的坐标，也需要机器人控制器进行逆运动学计算求出各个关节的关节角，作为关节角给定值 θ_d 输出给位置闭环控制系统。不断重复这种计算，求出运动轨迹上所有插补点对应的关节角给定值 θ_g，在关节角位置闭环控制系统控制下实现各个关节的期望角位移，进而实现末端执行器的期望位姿及期望运动轨迹。上位计算机控制系统计算点列并生成轨迹的这种过程叫插补。显然，机器人实际运动轨迹的连续性、平滑性和精度取决于两个插补点之间的距离。两个插补点之间的距离越小，实际运动轨迹越逼近期望的轨迹，轨迹误差越小。常用的插补方法有两种：定距插补和定时插补。

所谓定距插补，就是两相邻插补点之间的距离保持不变。只要把这个插补距离控制得足够小，就可保证轨迹精度，因此这种插补算法容易保证轨迹的精度和运动的平稳性。但是，如果机器人的速度发生了变化，插补点之间的时间间隔 T_s 就要发生变化，因此这种方法实现起来要相对难一些。

定时插补是每隔一定的时间 T_s 计算一个插补点，即任何两个相邻的插补点之间时间间隔是固定的。该时间间隔 T_s 的长短对于运动轨迹的精度和运动的平稳性具有重要的影响。焊接机器人的 T_s 一般不能超过 25ms，否则不能保证运动的平稳性。T_s 越小越好，但由于机器人要在 T_s 内进行一次插补运算和一次运动学逆运算，因此它受到上位计算机计算速度的限制。两个插补点 P_i、P_{i+1} 之间的空间距离等于机器人的运动速度乘以 T_s，因此机器人的运动速度对运动轨迹的精度也具有重要的影响。一定的 T_s 下，运动速度越大，两个插补点之间的距离越大，运动轨迹的精度和运动的平稳性越差。所以，定时插补不适用于高速运动的机器人。这种插补方法易于实现，因此在运动速度不快的焊接机器人上得到了普遍应用。

（3）插补算法

机器人基本的运动轨迹有直线轨迹和圆弧轨迹两种，其他的非直线或非圆弧轨迹均可利用这两种轨迹来逼近，因此计算插补点的算法有直线插补法和圆弧插补法两种。

1）直线插补

直线插补算法如图 2-13 所示。已知空间直线的起始点坐标 P_0 为 (x_0, y_0, z_0)，终点坐标 P_e 为 (x_e, y_e, z_e)，插补次数为 N，则插补点在各个轴上的增量为

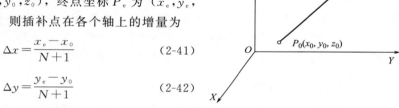

图 2-13　直线插补

$$\Delta x = \frac{x_e - x_0}{N + 1} \tag{2-41}$$

$$\Delta y = \frac{y_e - y_0}{N + 1} \tag{2-42}$$

$$\Delta z = \frac{z_e - z_0}{N + 1} \tag{2-43}$$

其中，插补次数可利用起始点到终点的长度 L 及插补点之间的间距 d 来计算：

$$N = \text{int}\left(\frac{L}{d}\right) \tag{2-44}$$

$$L = \sqrt{(x_e - x_0)^2 + (y_e - y_0)^2 + (z_e - z_0)^2} \tag{2-45}$$

对于定距插补，d 就是插补间距。

对于定时插补

$$d = vT_s$$

式中，v 为机器人的运动速度；T_s 为定时插补的时间间隔。

各个插补点的坐标可用下式计算。

$$\begin{cases} x_{i+1} = x_i + \Delta x \\ y_{i+1} = y_i + \Delta y \qquad i = 1, 2, \cdots, N \\ z_{i+1} = z_i + \Delta z \end{cases} \tag{2-46}$$

2）平面圆弧插补

平面圆弧插补是指圆弧所在的平面与参考坐标系的三个基准平面（即 XOY 平面、YOZ

平面或 ZOX 平面）之一平行或重合情况下的插补。下面以 XOY 平面为例进行说明。已知圆弧上的三个点 $A(x_A, y_A, z_A)$、$B(x_B, y_B, z_B)$、$C(x_C, y_C, z_C)$，其方向为顺时针方向，可求出其圆心位置、起始角、圆弧半径和圆弧的圆心角，如图 2-14 所示。

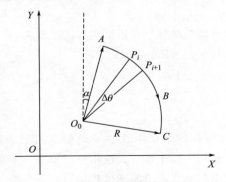

图 2-14　平面圆弧插补

假设圆心 O_0 的坐标为 (x_0, y_0, z_0)，由于 $AO_0 = BO_0$，则有

$$\sqrt{(x_A-x_0)^2+(y_A-y_0)^2+(z_A-z_0)^2}=\sqrt{(x_B-x_0)^2+(y_B-y_0)^2+(z_B-z_0)^2} \quad (2\text{-}47)$$

由于 $AO_0 = CO_0$，则有

$$\sqrt{(x_A-x_0)^2+(y_A-y_0)^2+(z_A-z_0)^2}=\sqrt{(x_C-x_0)^2+(y_C-y_0)^2+(z_C-z_0)^2} \quad (2\text{-}48)$$

由于 $A(x_A, y_A, z_A)$、$B(x_B, y_B, z_B)$、$C(x_C, y_C, z_C)$ 三点不同线，则有

$$\begin{vmatrix} x_0 & y_0 & z_0 & 1 \\ x_A & y_A & z_A & 1 \\ x_B & y_B & z_B & 1 \\ x_C & y_C & z_C & 1 \end{vmatrix}=1 \quad (2\text{-}49)$$

由上面三式可求出 (x_0, y_0, z_0)，进而可由下式求出 R。

$$R=|AO_0|=\sqrt{(x_A-x_0)^2+(y_A-y_0)^2+(z_A-z_0)^2} \quad (2\text{-}50)$$

起始角 α 可由式（2-51）求出。

$$\alpha=\arcsin\left(\frac{x_A-x_0}{R}\right) \quad (2\text{-}51)$$

圆弧的圆心角 θ 为

$$\theta=\mathrm{acrcos}\left[\frac{(x_B-x_A)^2+(y_B-y_A)^2-2R^2}{2R^2}\right]+\mathrm{acrcos}\left[\frac{(x_C-x_B)^2+(y_C-y_B)^2-2R^2}{2R^2}\right]$$

$$(2\text{-}52)$$

对于定距插补，$\Delta\theta$ 为设定的角位移增量；对于定时插补，$\Delta\theta=\dfrac{T_s v}{R}$（$v$ 为沿着圆弧的运动速度）。

插补次数

$$N=\frac{\theta}{\Delta\theta}$$

求出上述数据后，则起始点 A 的坐标可表示为

$$\begin{cases} x_A=x_0+R\sin\alpha \\ y_A=y_0+R\cos\alpha \\ z_A=z_0 \end{cases} \quad (2\text{-}53)$$

终点 C 的坐标可表示为

$$\begin{cases} x_C = x_0 + R\sin(\alpha + \theta) \\ y_C = y_0 + R\cos(\alpha + \theta) \\ \quad z_C = z_0 \end{cases} \tag{2-54}$$

圆弧 AC 上任何其他插补点的坐标均可用下式求出。

$$\begin{cases} x_i = x_0 + R\sin(\alpha + i\Delta\theta) \\ y_i = y_0 + R\cos(\alpha + i\Delta\theta) \quad i = 1, 2, \cdots, N \\ \quad z_i = z_0 \end{cases} \tag{2-55}$$

3）空间圆弧插补

空间圆弧插补是指圆弧所在的平面不在参考坐标系的三个基准平面（即 XOY 平面、YOZ 平面或 ZOX 平面）的任何一个平面上，也不平行于这三个基准平面情况下的插补。这种情况下，先建立一个中间坐标系，将空间圆弧转化为平面圆弧，再利用平面圆弧插补方法求出各个插补点坐标，最后通过坐标变换转化成参考坐标系下的坐标。

已知圆弧上的三点为 $P_1(x_1, y_1, z_1)$、$P_2(x_2, y_2, z_2)$、$P_3(x_3, y_3, z_3)$，按照与平面圆弧插补类似的方法可确定其圆心和半径，如图 2-15 所示。

假设圆心 O_R 的坐标为 (x_0, y_0, z_0)，由于 $P_1 O_R = P_2 O_R$，则有

$$\sqrt{(x_1 - x_0)^2 + (y_1 - y_0)^2 + (z_1 - z_0)^2} = \sqrt{(x_2 - x_0)^2 + (y_2 - y_0)^2 + (z_2 - z_0)^2} \tag{2-56}$$

由于 $P_1 O_R = P_3 O_R$，则有

$$\sqrt{(x_1 - x_0)^2 + (y_1 - y_0)^2 + (z_1 - z_0)^2} = \sqrt{(x_3 - x_0)^2 + (y_3 - y_0)^2 + (z_3 - z_0)^2} \tag{2-57}$$

由于 $P_1(x_1, y_1, z_1)$、$P_2(x_2, y_2, z_2)$、$P_3(x_3, y_3, z_3)$ 三点不同线，则有

$$\begin{bmatrix} x_0 & y_0 & z_0 & 1 \\ x_1 & y_1 & z_1 & 1 \\ x_2 & y_2 & z_2 & 1 \\ x_3 & y_3 & z_3 & 1 \end{bmatrix} = 1 \tag{2-58}$$

由上面三式可求出 (x_0, y_0, z_0)，进而可由下式求出 R。

$$R = |P_1 O_R| = \sqrt{(x_1 - x_0)^2 + (y_1 - y_0)^2 + (z_1 - z_0)^2} \tag{2-59}$$

以 O_R 为坐标原点建立一个中间坐标系 $X_R Y_R Z_R$，以 $P_1(x_1, y_1, z_1)$、$P_2(x_2, y_2, z_2)$、$P_3(x_3, y_3, z_3)$ 三点所确定平面的外法线方向为 Z_R 轴，设定 X_R 轴与 X_O 之间的夹角为 θ，如图 2-15 所示，可求出

$$\cos\theta = \frac{B}{\sqrt{A^2 + B^2}} \tag{2-60}$$

$$\sin\theta = \frac{-A}{\sqrt{A^2 + B^2}} \tag{2-61}$$

式中，A、B、C 分别为圆弧所在平面在参考坐标系三个轴上的截距。

利用 $P_1(x_1, y_1, z_1)$、$P_2(x_2, y_2, z_2)$、$P_3(x_3, y_3, z_3)$ 三点的坐标可求出 Z_R 轴在参考坐标系中的单位矢量，进而可求出 Z_R 轴和 Z_O 轴的夹角 α 的正弦和余弦。

$$\cos\alpha = \frac{C}{\sqrt{A^2 + B^2 + C^2}} \tag{2-62}$$

$$\sin\alpha = \frac{\sqrt{A^2+B^2}}{\sqrt{A^2+B^2+C^2}} \times \frac{A}{|A|} \tag{2-63}$$

先将中间坐标系的原点 O_R 平移到参考坐标系的原点 O 上，再绕 Z_R 轴旋转 θ，最后绕轴 X_R 旋转 α，则坐标系 $X_RY_RZ_R$ 与 $X_OY_OZ_O$ 重合。因此，由坐标系 $X_RY_RZ_R$ 向 $X_OY_OZ_O$ 转换的矩阵为

$$^OT_R = \mathrm{Trans}(x_0,y_0,z_0)\mathrm{Rot}(z,\theta)\mathrm{Rot}(x,\alpha) = \begin{bmatrix} \cos\theta & -\sin\theta\cos\alpha & \sin\theta\cos\alpha & x_0 \\ \sin\theta & \cos\theta\sin\alpha & -\cos\theta\sin\alpha & y_0 \\ 0 & \sin\alpha & \cos\alpha & z_0 \\ 0 & 0 & 0 & 1 \end{bmatrix}$$

$$\tag{2-64}$$

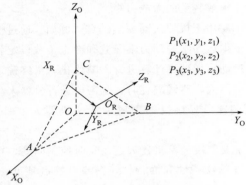

图 2-15　空间圆弧插补

进行平面圆弧插补前，需要先将参考坐标系 $X_OY_OZ_O$ 下的坐标变换为坐标系 $X_RY_RZ_R$ 下的坐标，因此需要求出矩阵 ^RT_O。

$$^RT_O = {}^OT_R^{-1} = \begin{bmatrix} \cos\theta & \sin\theta & 0 & -(x_0\cos\theta+y_0\sin\theta) \\ -\sin\theta\cos\alpha & \cos\theta\cos\alpha & \sin\alpha & -(x_0\sin\theta\cos\alpha+y_0\cos\theta\cos\alpha+z_0\sin\alpha) \\ \sin\theta\sin\alpha & -\cos\theta\sin\alpha & \cos\alpha & -(x_0\sin\theta\sin\alpha+y_0\cos\theta\sin\alpha+z_0\cos\alpha) \\ 0 & 0 & 0 & 1 \end{bmatrix}$$

$$\tag{2-65}$$

这样，可按如下步骤进行空间圆弧插补。

首先，将三个示教点在参考坐标系中的坐标转换为在中间坐标系中的坐标；

$$P_{Ri} = \begin{bmatrix} x_{Ri} \\ y_{Ri} \\ 0 \\ 1 \end{bmatrix} = {}^RT_O \begin{bmatrix} x_i \\ y_i \\ z_i \\ 1 \end{bmatrix} \quad i=1,2,3 \tag{2-66}$$

然后，在 $X_RY_RZ_R$ 坐标系下按照前面所述进行平面圆弧插补；

最后，将插补点 P_j 的坐标转换为参考坐标系中的坐标。

$$P_j = \begin{bmatrix} x_j \\ y_j \\ z_j \\ 1 \end{bmatrix} = {}^OT_R \begin{bmatrix} x_{Rj} \\ y_{Rj} \\ 0 \\ 1 \end{bmatrix} \quad j=1,2,3\cdots,N \tag{2-67}$$

2.4 机器人动力学简介

机器人每个关节的运动都是在驱动器的驱动力作用下实现的，研究机器人各个关节或连杆上的受力和运动之间关系的学科称为机器人动力学，通常表示为各个关节的位置、速度和加速度与该关节的受力或力矩之间的关系。连杆或关节上的受力包括机器人驱动器施加的驱动力或力矩、外力和力矩等。

机器人动力学问题有两个方面：第一个方面的问题是动力学正问题，已知各个关节的作用力或力矩，求解其位移、速度和加速度；第二个方面的问题是动力学逆问题，已知各个关节的位移、速度和加速度，求解其受的力或力矩。

机器人动力学正问题主要用于机器人动力学仿真，例如，通过仿真确定机器人手臂的结构参数和传动方案。首先依据运动学与动力学参数和额定负载设定各个连杆的大致结构、尺寸以及传动方案，然后通过动力学仿真计算进行不断优化，最终确定机器人的结构参数和传动方案。对于高速运动的机器人，离线编程时，也需要进行机器人动力学仿真，以评估高速运动引起的动载荷和路径偏差。焊接机器人属于低速机器人，一般不需要进行这种仿真计算。

机器人动力学逆问题主要解决的是机器人运动实时控制问题，在实现预期的运动轨迹基础上，保证机器人具有良好的动特性和静特性，提高其控制精度、分辨率、稳定性、重复精度。

由于机器人具有多个连杆和关节，因此机器人动力学方程是多输入多输出的非线性方程，具有错综复杂的耦合关系，所以求解机器人动力学问题是非常复杂的。机器人动力学方程的建立及求解方法有很多，例如拉格朗日方法、牛顿-欧拉方法、阿贝尔法和凯恩方法等。最常用的方法是利用拉格朗日法来建立方程，利用拉格朗日功能平衡法或牛顿-欧拉动态平衡法求解。

焊接机器人的运动速度和加速度一般不大，因此只需要进行一些简单的动力学控制。

习题

1. 什么是机器人学？机器人学涉及哪些学科？
2. 什么是位姿？机器人末端执行器的位姿是如何确定的？
3. 为什么机器人运动控制过程中需要坐标变换？一般采用何种坐标变换？
4. Denavit-Hartenberg 描述法是用哪些参数来描述连杆运动的？
5. 什么是机器人运动学？试写出 n 自由度机器人的运动学方程。
6. 什么是机器人运动学正问题和逆问题？如何求解这些问题？
7. 机器人末端执行器的运动和位姿是如何实现的？
8. 如何保证机器人实际运动轨迹的连续性、平滑性和精度？有哪些算法？
9. 什么是机器人动力学？什么是机器人动力学正问题和逆问题？如何求解这些问题？

第 3 章

机器人本体及控制系统

机器人本体又称机器人手臂、机械手、机械臂或机器人操作机。它是机器人系统的执行机构，可代替人的手臂执行各种操作。本章主要以工业中常用的 6 轴关节机器人为例介绍机器人的本体机构及控制系统。

3.1 机器人本体结构

机器人本体由刚性连杆、驱动器、传动机构、关节及内部传感器（如编码盘等）等组成，如图 3-1 所示。它的主要任务是控制末端执行器（例如焊枪）达到所要求的位置、姿

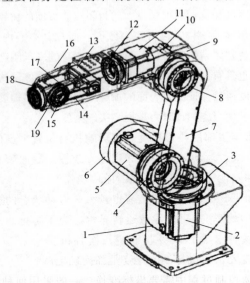

图 3-1　机器人本体基本结构

1—机身；2—腰关节轴（关节轴 1）驱动电动机；3—腰关节轴（关节轴 1）减速器；4—肩关节轴
（关节轴 2）减速器；5—肩关节轴（关节轴 2）驱动电动机；6—肩关节；7—上臂；8—肘关节轴
（关节轴 3）减速器；9—肘关节；10—肘关节轴（关节轴 3）驱动电动机；11—腕关节轴
（关节轴 4）驱动电动机；12—腕关节轴（关节轴 4）减速器；13—腕关节轴（关节轴 5）
驱动电动机；14—关节轴 5 同步带；15—腕关节轴（关节轴 5）减速器；16—前臂；
17—腕关节轴（关节轴 6）驱动电动机；18—腕关节轴（关节轴 6）
减速器；19—腕关节外壳

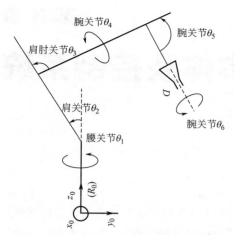

图 3-2 机械手的几何结构

态，并保证末端执行器沿着期望的轨迹以一定的速度运动。一般情况下，可认为机器人本体是由刚性连杆和关节构成的，而驱动器、传动机构及内部传感器可看作关节的一部分。这样，机器人本体就可看作一开环关节链，如图 3-2 所示。机器人本体可分为如下几个部分：机身（基座）、上臂、前臂、腕部、肘关节、肩关节和腰关节等。对于焊接机器人，腕部有 2～3 个关节，每个关节有 1 个自由度。

3.1.1 机器人机身

机器人机身又称底座、基座、机座，是直接连接和支承手臂及行走机构的部件。机身既可以是固定式的，也可以是行走式的。固定式机身固定在地面或某一平台上；行走式机身可沿着轨道行走，或者安装在龙门架上，随同龙门架一起沿着轨道行走。

机身用来承受机器人的全部重量，其性能对机器人的负荷能力和运动精度具有很大的影响。通常要求机身具有足够的强度、刚度、精度和平稳性。

机身的刚度是指机身在外力作用下抵抗变形的能力。一般利用一定外力作用下，沿着该外力作用方向产生的变形量来表征。该变形量越小，则刚度越大。机身的刚度比强度更重要。为了提高刚度，通常选择抗弯刚度和抗扭刚度均较大的封闭空心截面的铸铁或铸钢连杆，并适当减小壁厚、增大轮廓尺寸。采用这种结构不仅可提高刚度，而且其空心内部还可以布置安装驱动装置、传动机构及管线等，使整体结构紧凑、外形整齐。机身的支承刚度以及支承物和机身之间的接触刚度对机器人的性能也具有重要的影响。通常采用合理的支座结构、适当的底板连接形式来提高支承刚度；而接触刚度通过保证配合表面的加工精度和表面粗糙度来保障。对于滚动导轨或滚动轴承，装配时还应通过适当施加预紧力来提高接触刚度。

机身的位置精度可影响手部的位置精度。而影响机身位置精度的因素除刚度外，还有其制造和装配精度、连接方式、运动导向装置和定位方式等。导向装置的导向精度、刚度和耐磨性等对机器人的精度和其他工作性能具有很大的影响。

机身的质量较大，如果其运动速度和负荷也较大，运动状态的急剧变化易引起冲击和振动。这会影响手部位姿的精度，还可能导致运转异常。为了防止冲击和振动的发生，焊接机器人通常采用了有效的缓冲装置，以吸收能量；而且机身的运动部件，包括驱动装置、传动部件、管线系统及运动测量元件等均采用了紧凑、质量轻的结构设计，以减少惯性力，并提高传动精度和效率。

机身上装有腰关节，利用该关节可实现臂部升降、回转或俯仰等运动。腰关节是负载最大的运动轴，对末端执行器的位姿和运动精度影响最大，要求其具有很高的设计和制造精度，特别是支撑精度。常用的支撑方式有两种：第一种为普通轴承支撑结构，如图 3-3 所示，这种结构的优点是安装调整方便，但腰部高度较高；第二

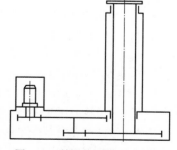

图 3-3 利用普通轴承支撑腰关节轴的机器人机身

种为环形十字交叉滚子轴承支撑结构，如图 3-4 所示，这种结构的优点是刚度大、负载能力强、装配方便，但价格相对较高。图 3-5 为一种典型机器人机身驱动机构的安装示意图。伺服电动机 1 通过小锥齿轮 2、大锥齿轮 3、传动轴 5、小直齿轮 4 和大直齿轮 6 驱动腰关节的轴转动。

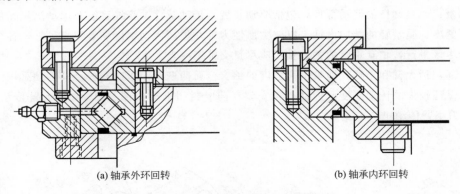

(a) 轴承外环回转　　　　　　　　　　(b) 轴承内环回转

图 3-4　环形十字交叉滚子轴承支撑结构

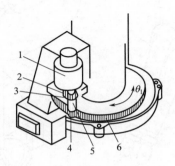

图 3-5　一种典型机器人机身驱动机构安装示意

1—伺服电动机；2—小锥齿轮；3—大锥齿轮；4—小直齿轮；

5—传动轴；6—大直齿轮

3.1.2　机器人操作臂

机器人操作臂（简称机器臂）用来连接机身和手部，是机器人的主要执行部件。其主要作用是支承机器人的腕部和手部，并带动腕部和手部在空间中运动。臂部各个关节均装有相应的传动和驱动机构。

臂部工作时直接承受腕部、末端执行器和工件的静、动载荷，自身频繁运动且运动状态复杂，因此其受力复杂。臂部既受弯曲力，也受扭转力，为了保证运动精度，应选用抗弯和抗扭刚度较大的封闭形空心截面的刚性连杆作为臂杆。而且其内部空心中还可以布置安装驱动装置、传动机构及管线等，使整体结构紧凑、外形整齐。臂杆的支承刚度以及支承物和杆件间的接触刚度对机器人的性能也具有重要的影响。通常采用合理的支座结构、适当的底板连接形式来提高支承刚度；而接触刚度通过保证配合表面的加工精度和表面粗糙度来保障。

臂部的制造和装配精度、连接方式、运动导向装置和定位方式等也影响其位置精度和运动精度。臂杆导向装置的导向精度、刚度和耐磨性等对机器人的精度和其他工作性能具有很大的影响。

臂部运动状态的急剧变化也会引起冲击和振动。这会影响手部位姿的精度，严重时还可能导致运转异常。为了防止冲击和振动的发生，焊接机器人通常采用了有效的缓冲装置，以吸收能量；而且臂杆的运动部件，包括驱动装置、传动部件、管线系统及运动测量元件等均采用了紧凑、质量轻的结构设计，以减少惯性力，并提高传动精度和效率。另外，各个关节轴线应尽量平行，相互垂直的关节轴线应尽量交汇于一点。

臂部包括大臂和小臂，通常由高强度的铝合金质薄壁封闭框架制成。其运动采用齿轮传动，以保证较大的传动刚度。传动机构安装在薄壁封闭框架内部。图3-6为大臂传动机构，图3-7为小臂传动机构。

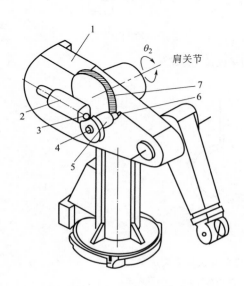

图 3-6　机器人大臂传动机构示意

1—大臂；2—大臂电动机；3—小锥齿轮；
4—大锥齿轮；5—偏心套；
6—小齿轮；7—大齿轮

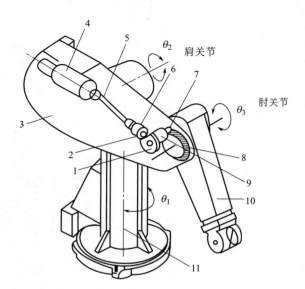

图 3-7　机器人小臂传动机构示意

1—大锥齿轮；2—小锥齿轮；3—大臂；4—小臂电动机；
5—驱动轴；6,9—偏心套；7—小齿轮；
8—大齿轮；10—小臂；11—机身

3.1.3　腕部及其关节结构

腕部是机器人本体的末端，用来连接末端执行器，其主要作用是在臂部运动的基础上确定末端执行器的姿态。腕部一般有2～3个自由度。其设计结构要紧凑、刚性好、质量小，各运动轴应分别采用独立的驱动电动机和传动系统，如图3-8所示。腕部的3个驱动电动机和传动系统安装在机器人小臂的后部，这样既降低了腕部的尺寸，又可利用电动机的重量作为配重，起到一定的平衡作用。这3个电动机分别通过柔性联轴器和驱动轴来驱动腕部各关节的传动齿轮，经传动齿轮减速后驱动关节轴，实现关节运动。关节4的运动是腕转运动，关节5的运动是腕摆运动，关节6的运动是腕捻运动。

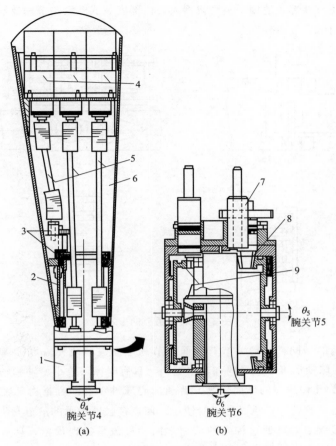

图 3-8　具有 3 个自由度的腕部

1—手腕；2—关节 4 的支座；3—关节 4 的齿轮；4—伺服电动机；5—驱动轴；6—小臂；

7,8—关节 5 的齿轮；9—关节 6 的齿轮

3.2　焊接机器人关节及其驱动机构

机器人末端执行器的运动是由机器人各个关节的运动合成的。每个关节均有一个驱动机构。

3.2.1　关节

关节是机器人在连杆接合部位形成的运动副。根据运动方式，机器人的关节分为转动关节和移动关节两种。焊接机器人的关节一般是转动关节，它既是基座与臂部、上臂与小臂、小臂与腕部的连接机构，又在各个部分之间传递运动。转动关节由转轴、轴承和驱动机构构成。根据驱动机构与转轴的布置形式，转动关节又可分为同轴式、正交式、外部安装式和内部安装式等几种，如图 3-9 所示。同轴式转动关节的回转轴与驱动机构转轴同轴，其优点是定位精度高，但需要使用小型减速器，并增加臂部的刚性。这是多关节机器人常用的关节形式。正交式转动关节的回转轴与驱动机构、转轴垂直。这种关节的减速机构可安装在基座上，通过齿轮或链条进行传动，适用于臂部结构要求紧凑的机器人。外部安装式转动关节的

驱动机构安装在关节外部，适用于重型机器人。内部安装式转动关节的驱动电动机和减速机构均安装在关节内部。

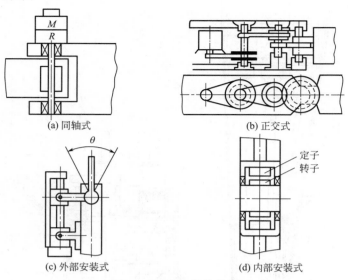

(a) 同轴式　　　　　　　　　　　　　　(b) 正交式

(c) 外部安装式　　　　　　　　　　　　(d) 内部安装式

图 3-9　转动关节的形式

根据关节结构的不同，转动关节有柱面关节和球面关节两种。焊接机器人常用球面关节。球面关节中的球轴承可承受径向和轴向载荷，具有摩擦系数小、轴和轴承座刚度要求低等优点。图 3-10 为几种典型的球面轴承。普通向心球轴承与向心推力球轴承的每个球和滚道之间为两点接触，这两种轴承必须成对使用。四点接触球轴承的滚道是尖拱式半圆，球与滚道之间有四个接触点，可通过控制两滚道之间的过盈量实现预紧，具有结构紧凑、游隙小、承载能力大、刚度大等优点，但成本较高。

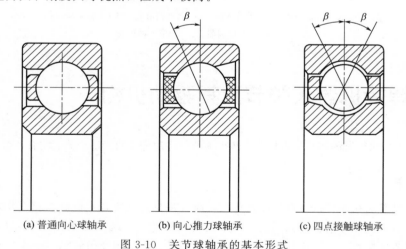

(a) 普通向心球轴承　　　　(b) 向心推力球轴承　　　　(c) 四点接触球轴承

图 3-10　关节球轴承的基本形式

3.2.2　驱动装置

（1）驱动装置分类

根据动力源的类型，机器人的驱动装置可分为液压式、气动式、电动式等几种。关节可由动力源直接驱动，但大部分情况下是通过同步带、链条、轮系、谐波齿轮或 RV 减速器等机械传动机构进行间接驱动的。

液压式驱动装置是利用电动机驱动的高压流体泵，如柱塞泵、叶片泵等作为动力。其优点是功率大、无需减速装置、结构紧凑、刚度好、响应快、精度高等，缺点是易产生液压油泄漏、维护费用高、适用的温度范围小（30～80℃）等，一般用于大型重载机器人。焊接机器人一般不用这种驱动方式。

气动式驱动装置是以气缸为动力源。其优点是简单易用、成本低、清洁、响应速度快等；缺点是功率小、刚度差、精度低、速度不易控制、噪声大等。这种驱动方式多用于精度不高的点位控制机器人或一些由于安全原因不能使用电动式驱动装置的场合，例如在上、下料和冲压机器人中应用较多，而在焊接机器人中应用极少。

电动式驱动装置是利用各种电动机产生的力或力矩来驱动机器人关节，实现末端执行器位置、速度和加速度控制的。焊接机器人通常使用这种驱动方式。它具有启动速度快、调节范围宽、过载能力强、精度高、维护成本低等优点，但一般不能直接驱动，需要利用传动装置进行减速。

（2）驱动电动机

电动式驱动装置采用的驱动元件有直流伺服电动机、交流伺服电动机或步进电动机等几种。表 3-1 比较了几种不同电动机的性能特点。

表 3-1　常用电驱动元件的性能比较

电动机类型	步进电动机	直流伺服电动机	交流伺服电动机
基本原理	利用电脉冲来控制运动。1 个脉冲对应一定的步距角度，利用脉冲个数控制位移量，脉冲频率控制运动速度	通过脉冲控制位移量。接收 1 个脉冲就会旋转对应的角度，同时发出 1 个脉冲，这样控制系统通过比较发出的和收到的脉冲数可精确控制转动角度，即靠反馈来精确定位和定转速	其原理类似于直流伺服电动机。不同的是它采用正弦波控制，转矩脉动性更小
结构特点	结构简单，体积较小	结构较简单，体积较大，重量较大	其体积和重量比直流伺服电动机小，且无电刷和换向器，工作可靠，维护和保养要求低
过载能力	无	较大	最大
输出速度范围	小	较大	最大
速度响应时间	较长（从静止加速到其额定转速需要 200～400ms）	短（从静止加速到其额定转速仅需要几毫秒）	最短
矩频特性	输出力矩随转速升高而下降，且在 600r/min 以上时会急剧下降。其最高工作转速一般在 600r/min 以下	在低于 2000r/min 的速度下能输出额定转矩	基本上是恒力矩输出，在 3000r/min 的高速下仍能输出额定转矩
低频特性	易出现低频振动现象	有共振抑制功能，运转平稳，即使是在低频下也非常稳定	

电机类型	步进电动机	直流伺服电动机	交流伺服电动机
控制精度	取决于相数和拍数,相数和拍数越多,精度越高;步距角一般为 1.8°、0.9°	取决于内部编码器的刻度,刻度越多,精度越高。例如,对于带 17 位编码器的伺服电动机,驱动器每接收 131072 个脉冲,电动机转一圈,即其脉冲当量为 360°/131072＝0.0027466°,仅为步距角为 1.8° 的步进电动机脉冲当量的 1/655	
运行性能	开环控制,启动频率过高、负载过大或负载过高均易导致失步或堵转现象,而且停转时易导致过冲现象	闭环控制,不易导致失步、堵转和过冲现象	

关节驱动电动机通常要求具有较大的功率质量比和转矩惯量比、大的启动转矩、大的转矩、低的惯量、高的响应速度、宽广的调速范围、较大的短时过载能力,因此,焊接机器人多采用伺服电动机。步进电动机驱动系统多用于对精度、速度要求不高的小型简易机器人。

（3）伺服电动机及驱动器的工作原理

1）伺服电动机的工作原理

伺服电动机是综合利用接收和发出的电脉冲进行定位的。它接收 1 个脉冲,就转动一定的角度;同时,每旋转这个角度,也会发出一个脉冲。这样,控制系统通过比较发出的脉冲和收到的脉冲数量来发现误差并调整误差,形成闭环控制,实现更精确的定位。其定位精度可达 0.001mm。伺服电动机分为直流伺服电动机和交流（AC）伺服电动机两种。

直流伺服电动机的结构和工作原理与小容量普通他励直流电动机类似。主要区别有两点:一是直流伺服电动机的电枢电流很小,换向容易,无需换向极;二是直流伺服电动机的转子细长、气隙小,因此,电枢电阻较大,磁路不饱和。直流伺服电动机有有刷和无刷两种。有刷电动机结构简单、成本低、启动转矩较大,但由于其功率体积比不大、需要维护、转速不高、热惯性大,而且还会引发电磁干扰,因此主要用于一些不重要的场合,焊接机器人中很少使用。无刷电动机体积小、转矩更大、惯性小、响应速度快、转动平滑稳定,但控制线路较复杂。在 20 世纪 80 年代中期以前,机器人中大量使用直流伺服电动机,但目前焊接机器人中已经很少应用了。

交流（AC）伺服电机又分为永磁同步型 AC 伺服电动机和异步型 AC 伺服电动机两种,表 3-2 比较了这两种交流伺服电动机的特点。永磁同步型交流电动机运行平稳、低速伺服性能好,是焊接机器人目前最常用的类型。

表 3-2　永磁同步型 AC 伺服电动机和异步型 AC 伺服电动机性能特点比较

项　目	永磁同步型交流伺服电动机	异步型交流伺服电动机
电动机结构	比较简单	简单
最大转矩限制	永磁体去磁	磁路饱和
发热量	低	高
电功率转换率	高	低
响应速度	快	比较快

项　　目	永磁同步型交流伺服电动机	异步型交流伺服电动机
转动惯量	小	大
速度范围	大	小
制动	容易	复杂
可靠性	好	好
环境适应性	好	好

永磁同步型交流伺服电动机主要由定子和转子两部分构成，如图 3-11 所示。定子铁芯由硅钢片叠加而成；定子凹槽中装有励磁绕组和控制绕组，这两个绕组在空间上相差 90°，前者由交流励磁电源供电，后者用于接入控制电压信号。转子是由高矫顽力稀土磁性材料制成的永久磁极。伺服电动机的非负载端盖上装有光电编码器，用来输出反馈脉冲；伺服电动机的驱动器可将收到的脉冲数与发出的脉冲数进行比较，根据比较结果调整转子转动的角度，控制位移精度。定子控制绕组上未施加控制电压时，定子内的气隙中只有励磁绕组产生的脉动磁场，转子静止不动；当控制绕组上施加控制电压，且控制绕组的电流与励磁绕组的电流不同相时，定子内的气隙中产生一个旋转磁场，驱动转子沿旋转磁场的方向同步旋转。

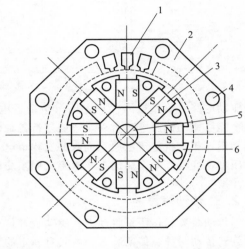

图 3-11　永磁同步型交流伺服电动机结构
1—定子绕组（三相）；2—定子铁芯；3—永久磁铁（转子）；4—轴向通风孔；5—转轴；6—软磁极靴

在一定的负载下，电动机的转速随控制电压的增大而增大；当控制电压消失时，转子即刻停止转动；而当控制电压反相时，伺服电动机将反转。

2）永磁同步型交流电动机驱动器的工作原理

交流伺服驱动器又称交流伺服控制器，由伺服控制单元、功率驱动单元、各种接口及反馈系统等组成，如图 3-12 所示。新型交流伺服驱动器是利用数字信号处理器（DSP）作为控制核心，智能功率模块（IPM）作为功率驱动单元，增量式光电编码器（码盘）作为测速和位移传感器。其采用了转矩（电流）、速度、位置三种闭环控制方式，确保伺服电动机实现高精度定位和稳定性，如图 3-13 所示。DSP 的采用便于实现基于矢量控制的电流、速度和位置三闭环控制算法，易于达成机器人的数字化、网络化和智能化。交流伺服驱动器集成

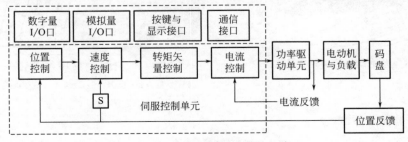

图 3-12　交流伺服驱动器的组成

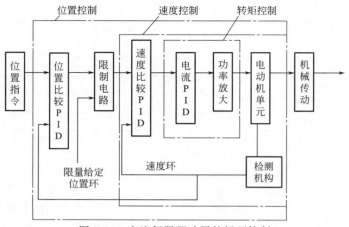

图 3-13　交流伺服驱动器的闭环控制

了驱动电路、故障检测保护电路（包括过电压、过电流、过热、欠压等）、软启动电路等，除了能够驱动伺服电动机外，还能进行各种保护，并可减小启动过程中的冲击。驱动电路首先利用三相全桥整流电路对输入的三相市电进行整流，然后利用三相正弦脉宽调制（PWM）电压型逆变器变频来驱动三相永磁式同步交流伺服电动机。

3.2.3　传动装置

传动装置的作用是将动力从驱动装置传递到执行元件。常用的传动装置形式有直线传动和旋转传动两种。传动装置一般具有固定的传动比。

（1）直线传动装置

直线传动方式可用于直角坐标型机器人的 X、Y、Z 向驱动，圆柱坐标结构的径向驱动和垂直升降驱动以及球坐标结构的径向伸缩驱动。

直线传动装置有齿轮齿条传动、滚珠丝杠副传动等几种方式。齿轮齿条传动装置的齿条通常是固定的，齿轮的旋转运动可转换成托板的直线运动，如图 3-14 所示。这种装置的优点是结构简单、可传递的动力和功率大、传动比大、精度高、稳定可靠；但要求较高的安装精度，且回差较大。滚珠丝杠副传动装置由丝杠和螺母构成，在丝杠和螺母的螺旋槽内嵌入了滚珠，并通过螺母中的导向槽使滚珠能连续循环，如图 3-15 所示。其优点是摩擦力小、传动效率高、精度高，缺点是制造成本高、结构较复杂。

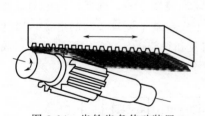

图 3-14　齿轮齿条传动装置

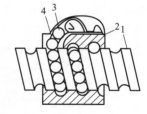

图 3-15　滚珠丝杆副传动装置
1—丝杠；2—螺母；3—滚珠；4—导向槽

（2）旋转传动装置

机器人常用的旋转传动装置有齿轮链、同步皮带、谐波齿轮和 RV 摆线针轮减速器等几种形式。

　1）齿轮链传动装置

　　它是通过链条将主动链轮的运动传递到从动链轮，如图 3-16 所示。这种传动方式具有传递能量大、过载能力强、平均传动比较准确的优点，但是稳定性差、传动元件易磨损、易跳齿，因此在焊接机器人中应用较少。

　2）同步皮带传动装置

　　同步带传动是一种啮合型带传动，是利用传动带内表面上等距分布的横向齿和带轮上对应齿槽之间的啮合来传递运动的，如图 3-17 所示。它是摩擦型带传动和链传动的复合形式，具有无滑动、传动平稳、缓冲作用好、噪声小、成本低、重复定位精度高、传动比大、传动速度快等优点，因此在机器人中应用较多。其缺点是安装精度要求高，且具有一定的弹性变形。

图 3-16　齿轮链传动

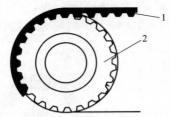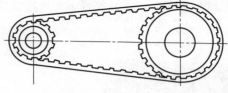

图 3-17　同步带传动（参看二维码-视频）

1—同步链；2—同步轮

　3）谐波齿轮减速器

　　谐波齿轮由刚性内齿轮（简称刚轮）、谐波发生器和柔性外齿轮（简称柔轮）三个主要部件组成。谐波发生器装在柔轮的内部，由呈椭圆形的凸轮和其外圈的柔性滚动轴承组成，如图 3-18 所示。一般情况下刚轮固定，谐波发生器作为主动件驱动柔轮旋转。运动过程中柔轮可产生一定的径向弹性变形。由于刚轮的内齿数多于柔轮的外齿数，因此谐波发生器转动时，在凸轮长轴方向上的刚轮内齿与柔轮外齿正好完全啮合；而在短轴方向上，外齿与内

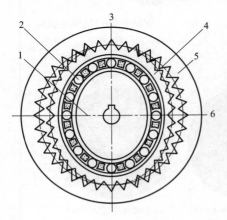

图 3-18　谐波齿轮

1—椭圆凸轮；2—柔性轴承；3—凸轮长轴；4—柔性外齿轮；5—刚性内齿轮；6—凸轮短轴；7—谐波发生器

齿完全脱开。这样，柔轮的外齿可周而复始地依次啮入、啮合、啮出刚轮的内齿。柔轮齿圈上任意一点的径向位移是按照正弦波形规律变化的，所以这种传动称为谐波传动，这种齿轮组合称为谐波齿轮减速器。其传动比等于柔轮齿数除以刚轮与柔轮齿数之差。

这种传动方式的优点是传动比大（单级 60～320）、体积小、传动平稳、噪声小、承载能力大、传动效率高（70%～90%）、传动精度高（是普通齿轮传动的 4～5 倍）、回差小（小于 3′）、便于密封、维修和维护方便；缺点是不能获得中间输出，而且柔轮刚度较低。谐波齿轮减速器在工业机器人中应用非常广泛，主要用在机器人手腕关节上。

4）RV 摆线针轮减速器

RV 摆线针轮减速器由两级减速机构组成。第 1 级减速机构为渐开线圆柱齿轮行星减速机构，如图 3-19 所示。其输入齿轮可将伺服电动机的转动传递到直齿轮上，减速比为输入齿轮和直齿轮的齿数比。第 2 级减速机构为摆线针轮行星减速机构，如图 3-20 所示。与曲柄轴直接相连的直齿轮是第 2 级减速机构的输入端。在曲柄轴的偏心部位通过滚针轴承安装了两个 RV 齿轮；而在外壳内侧装有 1 个比 RV 齿轮数多 1 个的针齿及呈等距排列的齿槽，如图 3-21 所示。图 3-22 为 RV 摆线针轮减速器的解剖图。曲柄轴旋转一次，RV 齿轮与针齿槽接触的同时做一次偏心运动，使得 RV 齿轮沿曲柄轴旋转方向的反方向旋转一个齿的距离。

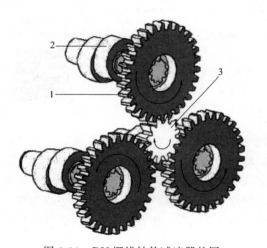

图 3-19　RV 摆线针轮减速器的圆
柱齿轮行星减速机构

1—直齿轮；2—曲柄轴；3—输入齿轮

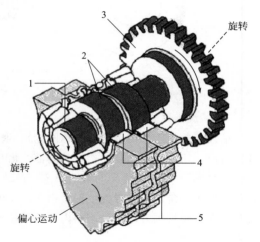

图 3-20　摆线针轮行星减速机构

1—曲柄轴；2—偏心轴；3—直齿轮；
4—滚针轴承；5—RV 齿轮

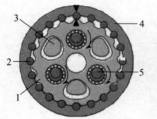

(a) 曲柄轴旋转角度0°

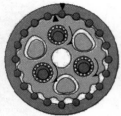

(b) 曲柄轴旋转角度180°

(c) 曲柄轴旋转角度360°

图 3-21　RV 齿轮齿数与齿槽的配合

1—RV 齿轮；2—针齿槽；3—传动轴；4—外壳；5—曲柄轴与直齿轮连接

这种减速器同时啮合的齿轮数较多，所以具有结构紧凑、体积小、转矩大、刚性好、传动比范围大、精度高、回程间隙小、惯性小、耐过载冲击荷载能力强等优点。另外，由于齿隙小、惯性小，因此其具有良好的加速性能，易于实现平稳的运转和良好的定位精度。目前这种减速器广泛用在了机器人的各个关节上。

图 3-22　RV 减速机解剖

3.3　机器人控制系统

3.3.1　机器人控制系统的作用

如果说机器人本体相当于人的手臂，则其控制系统相当于人的大脑。它可接收来自外界的指令及信息，对这些指令和信息进行处理和判断形成控制指令，向机器人本体发出动作指令，控制机器人各个关节协同动作，实现预期的运动位置、姿态、轨迹、操作顺序等。此外，机器人控制系统还具有如下作用。

① 记忆功能　机器人控制系统中装有存储器和内存，可以保持规划的任务和示教的任务。工作过程中，内存存放关节运动信息、位置姿态信息以及控制系统运行信息。

② 示教及编程功能　配合示教器进行示教，完成示教后编辑成一定的程序进行保存。工作时执行该程序就可重现示教的操作。

③ 与外围设备联系的功能　通过输入和输出接口、通信接口与外围设备通信，例如与焊接电源通信，实时调整焊接参数。

④ 传感器接口　用于连接各种传感器，例如位置检测传感器、视觉传感器、触觉传感器和力觉传感器等，将这些传感器采集的内外部信息传送到控制系统中。

⑤ 位置伺服功能　机器人的运动控制、速度和加速度控制等工作都依赖于位置伺服功能。采用外部轴时，多轴联动也需要伺服控制。

⑥ 故障诊断安全保护功能　机器人的控制系统时刻监控机器人的运行状态，一旦发生故障，就停止机器人工作，发出报警信号并显示故障信息。

3.3.2 机器人控制系统软件

机器人控制系统由计算机硬件和软件两部分组成。控制系统软件包括控制器系统软件、机器人专用语言编译软件、机器人运动学软件、动力学软件、机器人控制软件、机器人自诊断软件、自保护功能软件等。

1）控制器系统软件

其类似于计算机的操作系统。该软件主要实现硬件抽象描述、底层驱动程序管理、共用功能的执行、程序间消息的传递、程序包管理等，同时还提供用于编写和执行程序的一些工具与函数等。不同厂商制造的机器人具有不同的控制器系统软件。

2）机器人专用语言编译软件

机器人专用语言也称机器人编程语言，是机器人和用户交流的工具。用户可通过专用语言编写程序来控制机器人执行任务。目前还没有完全统一的机器人专用语言，各个机器人制造商都有自己的语言。

机器人专用语言主要有两类：

① 面向机器人的专用语言　其主要特点是利用语句描述机器人的动作序列，每一条语句大约相当于机器人的一个动作，整个程序控制机器人完成一个完整的作业。这类语言有专用机器人语言 VAL、基于 BASIC 的语言 AR-BASIC 和 Robot-BASIC、添加了机器人子程序库的计算机通用语言 AML 等。

② 面向任务的机器人专用语言　这种语言允许用户发出直接命令，以控制机器人去完成一个具体的任务，而不需要说明机器人需要采取的每一个动作细节。目前，这种语言尚未成熟。

目前，各个机器人制造厂商均有自己的专用语言，如 ABB 机器人采用的是 RAPID 语言，安川机器人是 INFORM 语言，KUKA 机器人是 KRL 语言，FANUC 机器人是 KAREL 语言。这些机器人语言互相不通用。有些焊接机器人还配有离线编程仿真软件，利用该软件进行离线仿真，仿真完成后可将结果直接下载到机器人的控制器中运行。

3）机器人运动学软件

在示教或工作过程中，机器人运动学软件可根据需要进行运动学正问题和逆问题的求解计算，控制各个关节协调运动，通过各个关节的运动合成末端执行器的运动姿态。例如，示教过程中根据示教的位姿进行运动学逆问题计算，确定各个关节的角矢量。

4）动力学软件

其用于动力学正问题和逆问题的求解计算，控制运动精度。例如，根据机器人轨迹规划的结果（关节位置、速度、加速度），可以用动力学软件计算出这个驱动力矩，实现各关节的伺服控制。

5）机器人控制软件

该软件对各个关节的伺服系统进行协调控制，以实现期望的位姿和运动。接收机器人传感器捕捉的环境信息，按照一定的算法对给定控制信息和接收的环境信息进行综合分析，在此基础上形成实际控制信号并向相关受控部件发送。

6）机器人自诊断软件

该软件可进行开机检测或执行过程中的检测，根据检测情况形成检测报告并显示。

7）自保护功能软件

该软件能够根据检测到的危险状态做出特定的响应，发出控制信号，及时停止设备的运行，实现自保护。

3.3.3 机器人控制系统硬件

控制系统硬件由控制器、执行器、被控对象和检测传感单元四部分组成，如图 3-23 所示。其基本控制原理是检测被控量的实际输出值，将实际值与给定输入值进行比较，利用偏差值形成控制信号，发送给执行机构进行调节以消除偏差，使得输出量能够维持在期望的数值上。控制器可接收指令及检测单元发送的检测信号，通过比较判断形成控制指令，发送给执行器执行。执行器可接收控制器的输出信号，形成能够直接操纵被控对象的信号。被控对象就是机器人各关节的驱动机构。检测单元用于检测被控变量，并将检测到的被控变量情况转换为标准信号输出，反馈给控制器，使控制器做出调整决策。

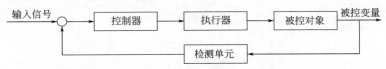

图 3-23 工业机器人控制系统硬件结构框图

机器人的控制方式有点位控制、轨迹控制、程序控制、自适应控制、智能控制及人工智能控制等几种。点位控制只控制机器人末端执行器起始和终止位置的位姿，而不控制路径，大部分点焊机器人采用这种控制方式。轨迹控制要求机器人按示教的轨迹和速度进行运动，示教型弧焊机器人属于这种控制方式。程序控制是按照一定的规律控制机器人的每一个自由度，使得机器人实现要求的空间轨迹。自适应控制是基于操作机的状态和伺服误差的检测与判断，调整非线性模型的参数，直到误差消失，具有较高的控制品质及一定的智能性。人工智能控制比较复杂，它是在机器人运动过程中随时检测周围状态信息，基于一定的智能算法，自行做出实时判断和决策。

控制器是控制系统的核心。根据控制算法的处理方式不同，其分为串行、并行两种结构类型。

1) 串行结构控制器

串行结构控制器实际上就是由串行机处理机器人控制算法的一种控制器，根据采用的 CPU 数量，可分为三种：单 CPU 控制器、双 CPU 控制器和多 CPU 控制器。

① 单 CPU 控制器 用 1 个 CPU 实现全部控制功能，采用的是集中控制方式。由于机器人控制过程中涉及许多数学计算，用这种控制器的控制速度难以达到生产要求，因此，工业机器人中已经基本不用这种结构的控制器。

② 双 CPU 控制器 采用 2 个 CPU，以主从方式进行控制。两个 CPU 共用一个内存，交换数据都通过该内存。主 CPU 负责系统管理、机器人语言编译、人机接口管理以及运动学计算和轨迹规划，并定时地把运算结果作为关节运动的增量送到公用内存中。从 CPU 可从公用内存中调用主 CPU 的计算数据，对各个关节的位置进行数字控制。

③ 多 CPU 控制器 利用多个 CPU，通过上、下位机进行二级分布式控制，如图 3-24 所示。目前这是工业机器人中最常用的一种控制器。上位机负责整个系统的组织管理，不仅能连接显示器、键盘、示教器、软盘驱动器等设备，还可以通过接口接入视觉传感器、高层监控计算机等。它是通过运动学计算和轨迹规划等将期望的任务转化成各个关节的运动，并

随时检测机器人各部分的运动及工作情况，处理意外事件。下位机由多个 CPU 组成，负责进行实时控制。每个 CPU 控制一个关节，均采用数字式位置控制。它是根据机器人动力学特性及机器人当前的运动情况，进行运动插补运算并对关节进行伺服控制，驱动机器人的各个关节完成指定的运动和操作。下位机的各个 CPU 与上位机之间以及各个下位机之间均通过总线通信。由于每个 CPU 承担的任务固定且通信迅速方便，因此这种控制器的控制速度和精度显著提高。

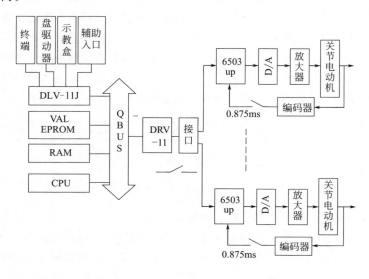

图 3-24　上、下位机二级分布控制式控制器

串行控制器的各种计算是先后进行的，而关节型机器人的动力学方程是一组非线性强耦合的二阶微分方程，计算十分复杂、计算量大、计算耗时长，因此，串行控制的实时性差，在受到干扰时难以保证高速运动精度。实际生产中可根据需要采用离线规划和前馈补偿解耦等方法来解决补偿计算负担重的问题。

　　2）并行结构控制器

　　并行结构控制器是将算法映射到并行结构的 CPU，进行机器人运动学和动力学的并行计算。其有两种实现方式：第一种是基于现有并行处理器结构，开发并行算法；第二种是首先开发算法的并行性，然后设计支持该算法的并行处理器结构，实现最佳并行效率。目前，并行结构控制器的应用尚不广泛。

3.3.4　机器人控制器用微型计算机

　　工业机器人的控制器一般由多台微型计算机组成。上位机一般采用单片机或嵌入式计算机，而下位机既可以采用单片机或嵌入式计算机，也可以采用 STM32、AVR 这些控制系列芯片。

　　（1）单片机

　　单片机也称微控制器（MCU），是集成在单块芯片上的完善的微型计算机系统，如图 3-25 所示。这种芯片采用超大规模集成技术，集成了中央处理器（CPU）、随机存取存储器（RAM）、只读存储器（ROM）、必要的 I/O 接口、中断系统、A/D 转换器、定时器/计数器等。

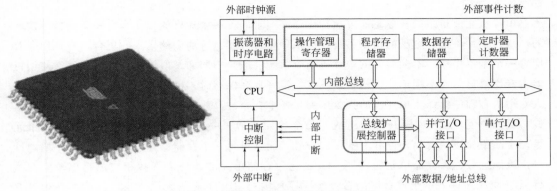

图 3-25　单片机实物及结构组成框图

单片机的 CPU 和 PC 机的 CPU 一样，由运算器、控制器和寄存器构成；运算器负责数据处理和计算，控制器负责发出控制信号，而寄存器用于暂时存放数据信息和控制信息。寄存器与运算器和控制器之间的传输速度要比寄存器与内存（RAM 和 ROM）之间的传输速度快得多。

单片机中的 ROM 和 RAM 分别对应 PC 机的硬盘和内存，用于储存数据。RAM 可与寄存器交换数据，CPU 马上要处理的数据由 RAM 输入到寄存器，该操作称为读操作；而 CPU 刚刚处理好的数据由寄存器输出到 RAM，该操作称为写操作。RAM 中的数据能够快速更新，CPU 会根据执行的程序，在 RAM 的特定位置读写数据。RAM 需要电源来维持所存数据的存在，一旦掉电，RAM 内的数据就会全部消失。ROM 具有断电后保持数据的功能（失电保护），但它的读写速度较慢。用户编写的程序存放在 ROM 中，有些需要长期保存的数据也存放到 ROM 中。

PC 机是通过 USB 连接鼠标、键盘，通过 HDMI 或 VGA 口连接显示屏（现在还有其他的方式，比如用蓝牙来完成连接），通过网口或无线网连接网络的；而单片机是通过遍布其四周的引脚连接外部设备。通过大量的引脚同时进行数据传输的方式称为并行通信。这种传输方式的理论传输速度高，但由于传输过程需要保持时序一致，其实际传输速度仍有限制，且易受干扰。多单片机的机器人通常采用通信效率更高的串行通信。尽管串行通信因所用的数据传输通道（引脚）较少，具有较低的理论传输速度，但由于无需保持各个引脚的时序关系，因此，其实际传输速度在大部分情况下反而会更高。

单片机中设有时钟电路、定时/计数器和中断系统，它们和控制器一起保证了整个单片机的有序运行。时钟是基准信号，用于控制单片机各个组成部分按照一定的工作节拍有序地工作（就像队列齐步走的时候，有人喊一二一，大家会跟着喊的节奏来走路一样）。无论是 PC 机还是单片机，在执行任务的时候都把具体的任务分解成若干个基本操作，每个操作由一个指令来完成；每个具体指令的完成所需的时钟周期是固定的，时钟周期越短，处理器工作速度越快，因此时钟频率是处理器性能的重要衡量标准。

程序运行过程中出现需要紧急处理的特殊情况时或者先权更高的任务需要处理时，处理器就会自动停止当前的操作，并转而进行新的任务处理，处理完毕后又返回之前被暂停的程序位置继续运行，这种控制方式称为中断控制。中断控制方式提高了系统效率，在维持系统可靠工作的同时，又满足了实时处理要求。由于单片机处理速度很快，中断过程的耗时通常是非常短的，我们觉察不出来，因此，可认为机器人对所有的控制都是实时控制。

单片机完成指定的任务是通过执行程序来实现的，而单片机的程序是由一条条指令构成的。每种单片机都有自己的指令系统，即该种单片机能执行的全部指令的集合。一条指令对应着一个基本操作。不同型号的单片机指令系统一般是不同的。但机器人编程时通常使用机器人专用语言，而不用单片机的指令系统。编好程序保存时，机器人语言编译程序会把机器人专用语言程序编译为单片机的指令序列，各个指令被存放在单片机的 ROM 中。存储器由许多存储单元（8 个逻辑开关）组成，每个单元类似于一个房间，指令就存放在这些单元里。生活中大楼的房间都被分配唯一的房号，而这里每一个存储单元也被分配了唯一的地址号，该地址号称为存储单元的地址。CPU 通过存储单元的地址来寻找相应的存储单元。执行程序时，CPU 要把组成程序的指令按顺序从内存单元中逐条读取出来，因此，必须设置一个追踪指令所在内存单元地址的部件。这一部件就是程序计数器 PC（包含在 CPU 中）。程序开始执行时，系统将程序中第一条指令的首地址赋给 PC（PC 指向第一条指令），取出该指令后，PC 中的地址号会自动增加，增加量为该条指令所占内存单元数，这样 PC 就指向了下一条指令。

单片机主要面向实时控制，而 PC 机主要面向数据处理。由于实时控制中的数据类型及数据量相对较少，其处理方法相对简单，因此，单片机的数据处理功能相比 PC 机要弱一些，计算速度和精度也相对要低一些。单片机中存储器的组织结构比较简单，存储器芯片直接挂接在单片机的总线上，CPU 对存储器读写时直接用物理地址来寻址存储单元，因此存储速度更快。

（2）ARM 嵌入式计算机

ARM 类嵌入式计算机是芯片制造商利用 ARM 公司的内核架构研发生产的一类单片机。ARM 公司本身不生产单片机，但它授权了其他芯片制造商在 ARM 内核的基础上制造单片机。

ARM 的含义是高级精简指令集机器（advanced RISC machine，ARM），其中 RISC 是一个 32 位精简指令集。ARM 的内核架构又可以分为 ARM7、ARM9、ARM11、Cortex-M、Cortex-R 和 Cortex-A 等系列，Cortex-M、Cortex-R 和 Cortex-A 是最新架构。图 3-26 为 Cortex-M3 嵌入式计算机芯片结构框图。

ARM 内核采用了精简指令集（RISC）。所谓精简指令，是指能够在高时钟频率下单周期内完成操作的简单、高效指令。指令简单意味着处理器中执行指令的硬件也简单。与复杂指令集计算机（CISC）相比，其指令集和相关的译码机制要简单得多。使用这种指令集时，复杂的任务通过软件设计调用更多的指令来完成，由于软件的灵活性比硬件大，因此这种架构的微型计算机具有体积小、功耗低、成本低、控制性能好等优点。它支持 16 位和 32 位双指令集，并兼容 8 位指令器件。RISC 的结构特点是指令长度固定且格式统一、通用寄存器数量多、处理器只处理寄存器中的数据而不直接访问内存、寻址方式非常简单。

（3）AVR 单片机

AVR 单片机是基于 RISC 的高速 8 位单片机。其采用的精简指令集是利用字长作为指令长度单位，也就是说操作数与操作码均安排在一个字之中。大多数指令都是单周期指令，而且还可预取指令，进行流水作业，因此执行速度极快，且可靠性极强。其特点

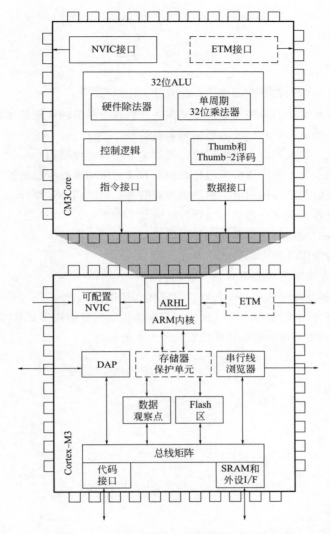

图 3-26　Cortex-M3 嵌入式计算机芯片结构框图

如下。

① 硬件和软件结构简单，在很低的软/硬件成本下保证了很快的执行速度和很高的可靠性，性价比极高。

② 内嵌便于擦写的 Flash 程序存储器，便于用户进行产品开发、调试和生产。

③ 内嵌 EEProm，可长期保存关键数据，避免断电丢失。

④ 内嵌大容量 RAM，并且可扩展外部 RAM，因此，可利用高级语言开发系统程序。

⑤ 由于中断服务时间短、串口功能强（设有高速同/异步串口 TWI、SPI），因此，不但通信速度快，而且可实现多机通信。

⑥ 具有硬件产生校验码、硬件检测和校验侦错、两级接收缓冲、波特率自动调整定位（接收时）、屏蔽数据帧等功能，通信可靠性高。

⑦ 配有多个复位源（自动上下电复位、外部复位、看门狗复位、BOD 复位）、看门狗电路、掉电检测电路，提高了嵌入式系统的可靠性。

习题

1. 工业机器人本体由几部分构成？各起着什么作用？
2. 什么是关节？常用的焊接机器人有哪些关节？各个关节的作用是什么？
3. 机器人位置精度和运动精度的影响因素有哪些？
4. 焊接机器人的腰关节位于哪个部位？通常采用哪种支撑结构？
5. 焊接机器人的各个关节通常采用什么驱动方式？采用哪种驱动装置？有何特点？
6. 焊接机器人的关节可用的电动驱动元件有哪些？最常用的是哪种？为什么？
7. 简述焊接机器人伺服电动机驱动器的结构及工作原理。
8. 工业机器人的传动装置有哪些？各有何特点？
9. 焊接机器人常用哪种传动装置？为什么？
10. 简述机器人控制系统的组成。
11. 机器人控制系统的软件有哪些？各起着什么作用？
12. 机器人控制器的结构形式有几种？焊接机器人常用的结构形式是哪种？为什么？
13. 机器人控制器常用的微型计算机有几种？各有何特点？

第 4 章

焊接机器人传感技术

机器人可通过传感系统实现精确的运动控制，并感知外界条件变化。机器人必须控制末端执行器平稳地运动，而且要保证精确的运动轨迹、运动速度和加速度等，而焊接机器人的运动是由各个关节（各个轴）的运动合成的，为此，各个关节的伺服系统均采用了位置、速度及加速度三闭环控制模式。这种闭环控制要求使用测量位置、速度及加速度的传感器，因此，在机械手驱动器中都装有高精度角位移传感器、测速传感器。另外，机器人也和人一样，需要收集周围环境的大量信息才能高效、高质量地工作。例如，机器人手臂在空间运动过程中必须避开各种障碍物，并以一定的速度接近工作对象，这就需要机器人进行识别并决策；弧焊机器人需要在焊件上沿接缝运动，如果没有感觉能力，其运行轨迹可能会出现误差，影响焊接质量，因此，弧焊机器人上还需要设置感知系统，例如焊缝自动跟踪系统。

4.1 内部传感器

内部传感器是机器人用于内部反馈控制的传感器，主要用来进行机器人关节信号检测。要检测的信号包括关节侧位置和速度、电动机侧位置和速度、电动机电枢电流以及关节转矩等。位置检测一般利用光电码盘及电阻式位移传感器等，速度检测一般通过位置差分来实现。电动机电流可以通过霍尔传感器或电阻转换为电压来检测。关节转矩可以通过基于应变片原理的转矩传感器进行检测。

4.1.1 位移传感器

位移传感器可用来测量关节的角位移或线位移，也可用来测量速度。机器人中常用的位移传感器有电阻式位移传感器和光电编码器两种。

（1）电阻式位移传感器

电阻式位移传感器可把位置变化转变为电阻值的变化，其基本原理如图 4-1 所示。这类传感器有直线式 [图 4-1（a）] 和旋转式 [图 4-2（b）] 两种。电阻式位移传感器实际上就是高精度滑动变阻器，被测量对象的位移导致滑动触头移动，触头的移动距离正比于被测对象的移动距离，这样触头变化前后的电阻值与总电阻之比就反映了位置变化量，而阻值的增大或减小可指示位移的方向。通常在电位器两端施加一定大小的电源电压，通过测量滑动端电压信号的变化来反映电阻的变化，如图 4-2 所示。电阻式位移传感器的输出信号 V_{out} 可用下式计算。

$$V_{out} = V_p \frac{R_i}{R} = V_p \frac{x}{x_p}$$

式中，V_p 为电源输入电压；R 为传感器的总电阻；R_i 为反映位移量的电阻；x_p 为最大位移，x 为位移量。

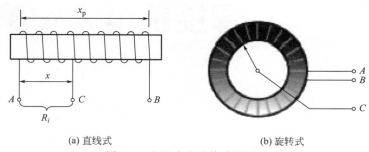

(a) 直线式　　　　　　　　　　　　　　(b) 旋转式

图 4-1　电阻式位移传感器原理

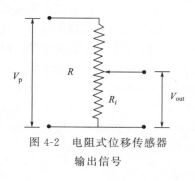

图 4-2　电阻式位移传感器
输出信号

作为位移传感器的滑动电阻器通常使用导电塑料式电阻器（也称喷镀薄膜式电阻器，通常喷镀碳膜）。这种电阻器的优点是尺寸小、成本低、输出连续、精度高、噪声低、掉电后位置信息不会失去。另外，这种传感器可通过对输出电压进行微分来实现速度的检测。普通的绕线式电阻器电阻变化不连续，测量精度低，不能进行微分计算。

电阻式位移传感器可用来检测关节或连杆的位置。由于滑动触点对电阻镀膜层表面的磨损作用，这种电阻式位移传感器的可靠性和寿命有限，因此已逐渐被成本不断降低的光电编码器取代。联合使用电阻式位移传感器和编码器可显著提高检测精度，并降低输入要求；电阻式位移传感器负责检测起始位置，而编码器负责检测运动过程中的当前位置。

图 4-3 为典型的电阻式位移传感器。

(a) 直线式　　　　　　　　　　　　　　(b) 旋转式

图 4-3　电阻式位移传感器实物

（2）光电编码器

光电编码器是焊接机器人关节最常用的位移传感器，是一种通过光电转换原理将位移量转变为电脉冲信号的装置，有旋转式和直线式两种：前者称为码盘，如图 4-4（a）所示；后者称为码尺，如图 4-4（b）所示。焊接机器人上只使用了旋转式编码器。根据工作原理的不同，旋转式编码器又可分为增量式和绝对式两类。

增量式光电编码器由光栅盘、指示盘、发光器件和感光器件等组成，如图 4-5 所示。光栅盘是一个开有放射状长孔的金属盘，或者是一个涂有放射长条状挡光涂层的透明塑料或玻璃盘；两个相邻透光孔之间的间距称为一个栅节，栅节的总数量称为脉冲数，是衡量光栅分辨率的指标。机体是一个用于安装圆光栅、指示盘、发光器件和感光器件等部件的壳体。发

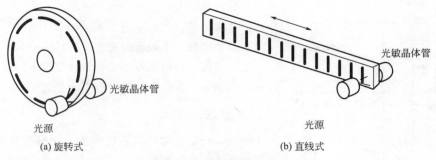

图 4-4 光电编码器类型

光器件通常采用红外发光管；感光器件通常采用硅光电池和光敏三极管等高频光敏元件。光栅盘与电动机同轴安装，工作时电动机带动光栅盘同速旋转；发光器件在光栅盘一侧投射一束红外光线，感光器件检测到透过光栅孔的光线后，输出与透光孔数量相同的脉冲信号。通过计量每秒光电编码器输出的脉冲数量即可得到当前电动机的角位移和转速。

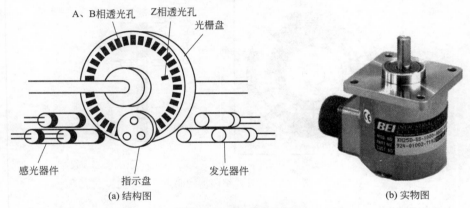

图 4-5 旋转式编码器

编码器是利用两套光电转换装置输出相位差为 90°的方波脉冲 A、B 相来判断旋转方向的。当顺时针方向旋转时，A 相信号导前 B 相信号 90°；逆时针方向旋转时，A 相信号滞后 B 相信号 90°。另外，增量式编码器还设置了一个 Z 相脉冲（它为单圈脉冲，每转一圈发出一个脉冲，用于基准点定位）。增量式编码器的优点是结构简单、使用寿命长（机械平均寿命可在几万小时以上）、抗干扰能力强、可靠性好、精度高。其缺点是不能输出电动机转动的绝对位置信息。通常需要利用一个接近开关来检测机械零位，如果电动机带动机械装置触发了接近开关，则系统认为达到了零位，以该位置作为参考计算每一时刻的位置。

绝对式编码器可直接输出表征位移量大小的数字量。它由多路光源（一般为发光二极管）、光电码盘和光敏元件构成。码盘与伺服电动机同轴安装，其一侧布置光源，而在另一侧对应的码道布置光敏元件。绝对式编码器典型结构如图 4-6 所示。码盘上设有若干同心码道，每条码道布置有相间的透光和不透光扇形区。码道越多，精度越高，对于一个 N 位二进制编码器，其码盘应有 N 条码道。一个圆周方向上的扇形区数量称为扇面数，扇面数越大，分辨率越高。图 4-7 为十六扇面四码道码盘及其与光电元件的布置。码盘旋转到某一特定位置时，每个光敏元件均会输出相应的电平信号。正对着透明区域的光敏元件导通，输出低电平信号，表示二进制的"0"；而正对着不透明区域的光敏元件截止，输出高电平信号。

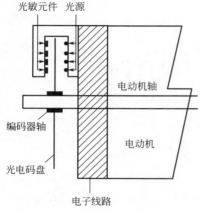

光敏元件 光源
电动机轴
编码器轴
光电码盘
电子线路
电动机

图 4-6　绝对式编码器的结构

所有光敏元件输出的二进制信号可组成一个 N 位二进制数,指示当前的位置。这种编码器无需计数器,转到任一位置都会生成一个与该位置相对应的唯一数字码。

绝对式编码器的优点是能直接输出指示位置的数字、没有累积误差、掉电后位置信息不会丢失。

（3）磁性编码器

磁性编码器通常由磁盘或磁条、传感器及控制电路三部分组成。磁盘或磁条运动时,传感器检测磁场变化,并将其转变为能反映位移量的电信号。与光电编码器不同的是,磁性编码器抗干扰能力强、皮实耐用。光电编码器中的气隙必须保持清洁和透明,而磁性编码器对灰尘、污垢、油脂等污染物以及振动不敏感。

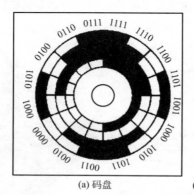

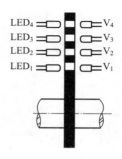

(a) 码盘　　　　(b) 发光元件、光敏元件及码盘布置

图 4-7　绝对式编码器的码盘

1）磁性旋转编码器

磁性旋转编码器由磁盘、读取头和控制电路组成,如图 4-8 所示。磁盘的圆周装有一定数量的磁极,磁盘转动时,磁极产生的空间漏磁场会发生变化,该变化可反映位移的变化。磁极数量越多,其分辨率越高。读取头一般采用感应磁场变化的磁阻器件,也可采用感应电压变化的霍尔效应器件。读

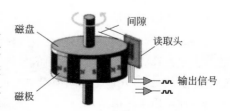

磁盘　　间隙
读取头
输出信号
磁极

图 4-8　磁性旋转编码器的结构

取头可将检测到的磁场变化转换为电信号变化。而控制电路对该信号进行放大、分频或内插,生产反映位移量的数字信号输出。

与光电编码器相同,磁性旋转编码器也有增量式和绝对式两种。绝对式旋转编码器为每个测量位置分配了唯一的二进制代码,即使断电也能跟踪编码器的确切位置。

2）线性磁编码器

线性磁编码器是利用线性磁条来代替磁盘。其读取头可检测磁条运动过程中因磁极位置变化,产生的磁场变化,以反映位置信息。绝对式线性磁编码器磁条的每个位置均对应一个唯一的二进制数字,用于读取头确定位置。增量式线性编码器的磁条上设有一个或多个参考标记,用于断电后归位。

4.1.2　速度传感器和加速度传感器

速度传感器用来检测机器人关节的运动速度。在使用光电编码器作为位移传感器时，通常无需使用速度传感器，因为利用单位时间间隔内的角位移可直接计算出机器人的运动速度。时间间隔越短，计算出的速度越接近真实的瞬时速度。但是如果运动速度很慢，这种速度测量的精度就会很低。在这种情况下，一般需要利用测速发电机作为速度传感器。

测速发电机是将速度转换成电压信号的装置，其原理如图4-9所示。输出电压 u 与测量的速度 n 成正比。将测速发电机的转子与机器人关节伺服驱动电动机的驱动轴同轴连接，即可测出机器人关节的转动速度。

加速度传感器是测量机器人关节加速度的装置。焊接机器人的运动速度和加速度通常较小，因此一般不使用加速度传感器。

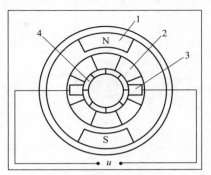

图 4-9　测速发电机原理
1—永久磁铁；2—转子线圈；
3—电刷；4—整流子

4.1.3　力传感器

力或力矩传感器有电阻应变片式、压阻式、压电式、电容式、电感式等几种。无论哪种力传感器，其工作原理都是先利用弹性元件把力或力矩转换成位移量或变形量，再利用某种传感元件将位移量或变形量转换成电信号输出。机器人关节的驱动器上一般需要安装电阻应变式力传感器或压阻式力传感器，用于测量驱动器本身的输出力和力矩。

电阻应变片式和压阻式力传感器的工作原理类似，都是利用力或力矩作用，敏感元件的电阻变化来引起电信号变化，通过电信号变化来确定力或力矩的大小。电阻应变片式传感器的敏感元件是金属箔片或金属丝，通过力的作用几何尺寸的变化引起电阻的变化；而压阻式传感器的敏感元件是半导体，通过力的作用电阻率的变化引起电阻的变化。由于在压力作用下，敏感元件的电阻变化都较小，因此，这两种传感器中的敏感元件通常连接成电桥，通过外力作用下电桥的不平衡输出来反映外力的大小，提高检测精度。压阻式传感器的敏感元件（通常称为基片，或称膜片）材料主要为硅片和锗片。压阻式传感器的精度高、响应速度快、可靠性好，但温度影响较大，必须进行温度补偿。

压电式传感器是利用晶体材料的压电效应来测量力的大小，常用的压电晶体材料有石英和钛酸钡等。这些压电晶体受压力时，在其相对的两个侧面上会产生异性电荷，经过测量电路和放大电路测量放大后形成正比于所受外力的电信号。这类传感器的优点是结构简单、测量范围大、灵敏度高、信噪比高、可靠性好等；缺点是只能用于测量脉动压力，不能用于静压力测量。

4.2　外部传感器

外部传感器是检测机器人所处环境及状况的传感器。焊接机器人可利用这类传感器检测外部环境条件的变化，并根据这种变化情况调整或校正焊接工艺参数，确保焊接质量。

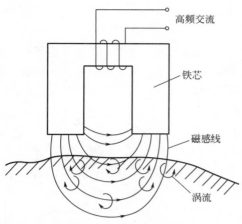

图 4-10 电涡流式接近传感器的测量原理

4.2.1 接近传感器

接近传感器用于感知焊接机器人与外围设备之间的接近程度,以避开障碍并防止冲撞。通常采用的是非接触型传感器,主要有电涡流式、光电式、超声波式等几种。

(1)电涡流式接近传感器

电涡流式接近传感器是依据交变磁场在金属体内引起的感应涡流大小随金属体表面与线圈的距离变化而变化进行测量的,如图 4-10 所示。这种传感器由探头线圈、振荡器、检测电路和放大器等组成,如图 4-11 所示。流经探头线圈的高频电流在金属导体内部激发一高频交变磁场,该交变磁场在金属导体内感应出涡流,而涡流又在金属表面附近产生一个方向与高频交变磁场方向相反的交变涡流磁场。该交变涡流磁场使流经探头线圈的高频电流幅度和相位发生变化,即探头线圈有效阻抗发生变化,其变化量反映了探头线圈到金属导体表面的距离。检测电路将检测到的线圈阻抗变化量转化成电信号,该电信号可反映探头到被测金属导体表面之间距。

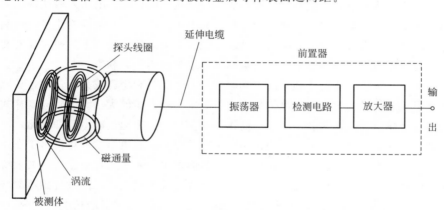

图 4-11 电涡流式接近传感器的组成框图

电涡流式接近传感器可用作接近开关,也可以用作测距传感器。用作接近开关时,通常需要在被测物上安装一个磁性金属感应物;金属感应物与传感器接近到一定距离时,传感器发出触发信号,继电器动作,机器人的运动停止。用作测距传感器时输出模拟信号,信号大小与距离呈线性关系。

(2)光电式接近传感器

根据所用的光源,光电式接近传感器分为激光接近传感器、红外线接近传感器和自然光接近传感器等几种。

1)激光接近传感器

激光接近传感器由激光发射器和激光接收器等组成,如图 4-12 所示。这种传感器的优点是能实现远距离的无接触测量、速度快、精度高、量程大、抗光电干扰能力强等。

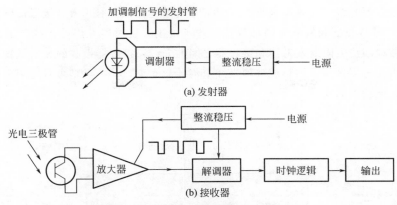

图 4-12 激光接近传感器的组成框图

激光接近传感器可用作接近开关，也可用作测距传感器。在焊接机器人中其主要用作接近开关。

激光接近传感器可分为直接反射式、镜面反射式、对射式、光纤式等几种。直接反射式激光接近传感器的原理如图 4-13 所示，其发射器发出的信号经过被检测物体反射回来，而接收器根据接收到的反射光束的变化情况来对被检测物进行判断。镜面反射式激光接近传感器的原理如图 4-14 所示，其发射器发出的光线由一个反射镜反射回接收器，出现被检测体

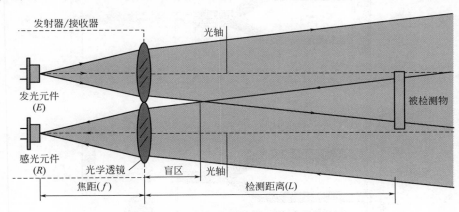

图 4-13　直接反射式激光接近传感器的原理

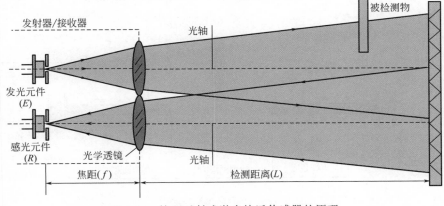

图 4-14　镜面反射式激光接近传感器的原理

时，被检测物阻断光线，接收器接收的反射信号发生变化。对射式激光接近传感器的原理如图 4-15 所示，其接收器和发射器同轴放置，并直接接收发射器发出的光线，如果被检测物体出现，则被检测物会阻断发射器和接收器之间的光线，接收器接收的光信号发生变化。光纤式激光接近传感器采用了塑料或玻璃光纤来传导激光束，其特点是可对远距离的被检测物体进行检测，原理如图 4-16 所示。

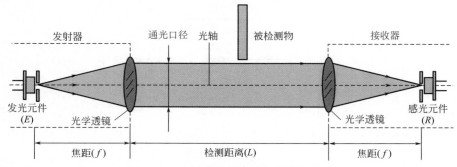

图 4-15　对射式激光接近传感器的原理

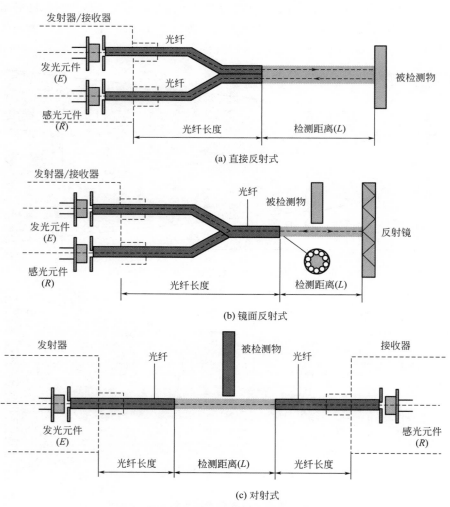

(a) 直接反射式

(b) 镜面反射式

(c) 对射式

图 4-16　光纤式激光接近传感器的原理

2）红外线接近传感器

红外线接近传感器由红外光发射器和红外光敏接收器组成。红外光发射器用来发射经调制的红外光信号，红外光信号投射出去后如果遇到被检测物，则反射回来的能量会根据被检测物的距离发生变化；红外光敏接收器可对接收到的信号进行判断，得出被检测物的位置信息。这种传感器具有灵敏度高、响应快、体积小等优点，可装在机器人的末端执行器上，易于检测出工作空间内是否存在外物。

（3）超声波式接近传感器

超声波是振动频率高于20kHz的声波，由于频率高、波长短，因此具有绕射现象小、方向性好、反射回波强等特点。超声波式接近传感器由超声波发生器、接收器和控制器等组成。根据发射器和接收器的布置形式，超声波式传感器又可分为反射式、对射式两种。其中反射式应用较多。图4-17为反射式超声波发射器的组成及原理。

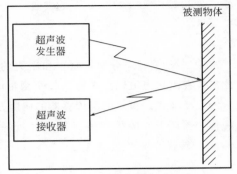

图4-17 反射式超声波接近
传感器的组成及基本原理

超声波发生器用来沿着一定方向发射超声波，并同时启动计时器计时；超声波在传播途中碰到被检测物时返回反射波，超声波接收器收到反射波后立即停止计时。接收器中的微处理器可计算发射和接收所用的时间 t，然后根据介质中超声波的传播速度 v 计算出被检测物的距离 $S=(vt/2)$ 后，显示距离或发出开关量信号。超声波式接近传感器既可用作输出数字量的接近开关，也可用作输出模拟量的测距传感器。

这种传感器的特点是检测速度快、测量精度高、结构简单、使用方便，因此应用广泛。在弧焊机器人中，超声波式接近传感器通常用来测距，一般不用作接近开关。

超声波式接近传感器的优点是对环境中的粉尘，被测物的透明度、表面颜色和表面油污均不敏感；其缺点是响应速度较慢，而且环境风速、温度、压力等均可影响测量精度。如果对测量精度要求非常高，一般不建议采用超声波式接近传感器。表4-1比较了几种接近传感器的性能特点。

表4-1 几种接近传感器的性能特点比较

项目	电涡流式接近传感器	光电式接近传感器	超声波式接近传感器
检测距离	零点几毫米至几十毫米	可达60m	零点几米至几米，取决于波长
响应频率	可达10kHz	1～2kHz	10～40kHz
误差	≤5%	可达0.005%	≤0.6mm
成本	低	较高	高
环境要求	空气、油、水中均可工作，适用温度范围大，周围环境中不得有外加电磁场	周围环境中应没有明显的粉尘，否则影响精度	空气介质中使用，其他介质需要调节，风速小于10m/s的环境下，湿度和温度影响精度

4.2.2 电弧电参数传感器

电弧电参数主要有焊接电流和电弧电压。这两个焊接工艺参数直接决定了焊接过程的稳定性和焊接质量，机器人在焊接过程中通常需要对其进行实时测量并调控。由于焊接过程的复杂性和多变性，焊接电流、电弧电压传感器要有很强的隔离及抗干扰能力。焊接机器人中通常使用霍尔电流传感器和电压传感器。传感器采集的数据由主控计算机通过数据采集卡进行接收并处理。

霍尔传感器是采用半导体材料制成的磁电转换器件。闭环霍尔电流传感器的原理如图 4-18 所示。原边电流 I_n（被测量的电流）产生的磁场可通过副边电流 I_m 产生的磁场进行补偿，使得霍尔元件始终处于零磁通的状态。当原副边电流产生的磁场达到平衡时，有如下关系式。

$$N_1 I_n = N_2 I_m \tag{4-1}$$

式中，N_1 和 N_2 分别是原边和副边的线圈圈数。由于数据采集卡一般采集电压信号，因此需要在副边电流输出端连接一个测量电阻 R_m，将测量电阻两端的电压 U_m 作为数据采集卡的电压输入。霍尔电流传感器的使用方法非常简单，将焊接电缆从中心孔中穿过即可。这种传感器属于非接触型传感器，对弧焊电源输出的电流没有任何干扰，测量频率高达 100kHz，转换速度可达 50A/μs。

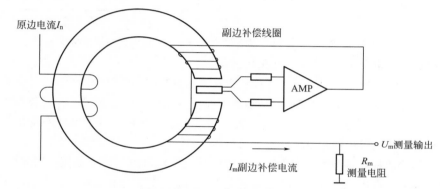

图 4-18　霍尔电流传感器的原理

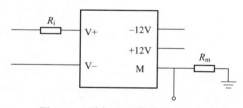

图 4-19　霍尔电压传感器的原理

闭环霍尔电压传感器的工作原理与闭环霍尔电流传感器的工作原理基本相同，唯一的区别是霍尔电压传感器要先把被测电压转化为电流。这需要在输入端接入一个限流电阻，如图 4-19 所示。原边电流与被测电压之间的比值由这个限流电阻 R_i 确定。电压传感器输出端输出的电流是通过电阻 R_m 转变为电压信号输送到数据采集卡中的。一般情况下，限流电阻 R_i 较大，电压传感器的输入电流较小，产生的磁场强度也较小，因此其测量精度对周围磁场比较敏感。在使用过程中，霍尔电压传感器应尽量远离载有焊接电流的电缆，防止焊接电流产生的磁场影响测量精度。霍尔电压传感器的输入端应分别连接焊枪的导电嘴和工件。

4.2.3　焊缝跟踪传感器

焊接工件的坡口尺寸和装配不可避免地存在误差，而且在焊接过程中还可能会因热影响而发生难以预见的变化，这种误差或变化超出允许范围后机器人就无法高效、高质地完成任务。采用传感器实时监测相关几何参数并及时对焊接参数作出相应调整的方法可以间接地消除这种不利影响。这种控制分为两大类：一类是通过偏差检测及纠正操作使得电弧中心线始终对准坡口角平分线，这类控制称为焊缝跟踪控制；另一类是通过检测坡口尺寸变化并使弧焊电源自动适应这种变化，输出适合当前坡口尺寸的电参数，保证焊缝成形质量，这类控制称为焊缝质量自适应控制。目前焊缝跟踪传感器应用较多，而焊缝质量自适应控制传感器还不是很常见。焊缝跟踪传感器有电弧式、机械接触式、激光式、超声式等几种，应用较广的是电弧跟踪传感器和激光视觉传感器。

（1）电弧跟踪传感器 （参看二维码-视频）

电弧跟踪传感器是通过检测焊接电弧自身的电信号来计算焊枪摆动中心点（TCP）行走轨迹和预期行走轨迹的偏差，用此偏差来控制电弧摆动装置做出纠正的，如图 4-20 所示。图中 x-y-z 为工件坐标系，x 方向为焊接方向；o-n-a 为工具坐标系，TCP 为摆动中心，也是工具坐标系的原点。焊枪一方面沿着 x 方向行走，另一方面在工具坐标系中以正弦波轨迹摆动。图 4-20（b）显示出了摆动中心预期轨迹点。在理想情况下，工具坐标系的 a 轴位于坡口角的平分线上，摆动轨迹的两个顶点与工件的距离相等。

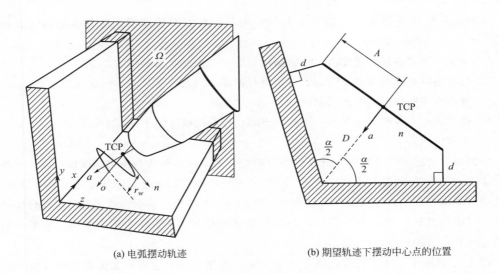

(a) 电弧摆动轨迹　　　　　　　　　(b) 期望轨迹下摆动中心点的位置

图 4-20　摆动中心点的理性轨迹

电弧跟踪传感器的基本原理是焊接电流的大小随着导电嘴与工件的距离 l 变化而变化，可用下式表示。

$$U = \beta_1 I + \beta_2 + \beta_3 / I + \beta_4 l \tag{4-2}$$

式中，U、I、l 分别为电弧电压、焊接电流和弧长；β_1、β_2、β_3 和 β_4 均为常数。熔化极气体保护焊通常采用平特性电源，电弧电压保持不变，因此，由式（4-2）可看出，其焊接电流随着弧长的增大而减小。图 4-21 显示出了电弧跟踪传感器的原理。电弧沿着横向（垂直于焊枪行走方向）摆动，焊接电流将周期性地发生变化。如果摆动中心位于预期轨迹上，即焊枪行走没有偏差，则电流变化曲线遵循正弦波规律，每个 1/4 半波内的电流平均值是恒定值（$I_L^* = I_R^* = I^*$），如图 4-21（b）中的虚线所示。因此，利用相邻两个 1/4 半波平均电流的偏离量就可判断是否偏离。如果有偏差，则电流变化曲线不再遵循正弦波规律，每个 1/4 半波内的电流平均值将偏离 I^*。图中，$I_L > I_L^*$，$I_R < I_R^*$，说明焊枪摆动到左侧时导电嘴到工件的

距离变小，而摆动到右侧时导电嘴到工件的距离变大，焊枪摆动中心向左偏了。利用该偏差量作为输入信号可以纠正摆动中心点的位置偏差，使得电弧对准坡口中心线。

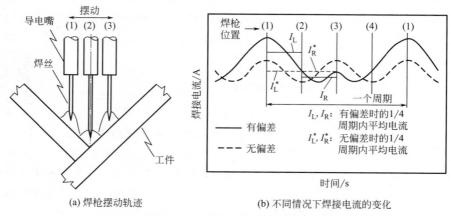

(a) 焊枪摆动轨迹　　　　　(b) 不同情况下焊接电流的变化

图 4-21　电弧跟踪传感器的原理

电弧跟踪传感器是目前焊接机器人最常用的实时跟踪传感器。这种传感器具有如下优点。

① 它是一种非接触型传感器，传感精度不受工件表面状态的影响；

② 它是通过检测电弧本身电流的变化进行控制，因此不受弧光、烟气的影响；

③ 可进行高低和横向两维跟踪；

④ 在焊枪旁不需要附加装置，不占用空间，焊枪的可达性不受影响；

⑤ 成本较低。

电弧跟踪传感器主要用于熔化极气体保护焊，要求接头形式为角接、厚板搭接（工件厚度大于 2.5mm）或开有对称坡口（V、U 和 Y 形坡口等）的对接，不能用于 I 形坡口对接。其缺点是不能在起弧之前找到焊缝起点，而且影响电弧稳定性的干扰因素都会影响传感器的精度。对于短路过渡 CO_2 气体保护焊，焊接电流随着电弧状态的变化而变化，需要采取措施保证检测信号的稳定性。

图 4-22 显示出了电弧跟踪传感器在角接接头焊接中跟踪效果，无论在高度方向上还是在水平方向上，其位置偏差均得到了很好的纠正。图 4-23 显示出了电弧跟踪传感器在管-管马鞍形接头焊接中的跟踪效果，无论是方向偏差还是位置偏差均能得到很好的补偿。

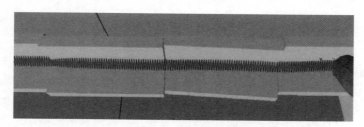

图 4-22　电弧跟踪传感器在角接接头焊接中的跟踪效果

电弧跟踪传感器的摆动频率较低，通常小于 5Hz，因此不能用于高速焊接和薄板的搭接。为了解决这一问题，研究人员提出了高速旋转电弧法。图 4-24 给出了高速旋转电弧法在 TIG 焊中的应用原理。将焊枪固定在偏心齿轮上，利用电动机带动该偏心齿轮旋转，这样电弧将会高速旋转，其旋转频率可达 100 Hz。TIG 焊采用了陡降外特性电源，导电嘴到工件的距离发生变化时，焊接电流并不发生变化，而电弧电压会发生变化。图 4-24 （b）为不同情况下电弧电压在焊枪摆动过程中的变化规律。如果摆动中心位于预期轨迹上 [在摆动中，钨极中心线正好与坡口角等分线重合，如图 4-20 （b）所示]，即焊枪行走没有偏差（$\Delta x = 0$），则电弧电压的变化曲线如图 4-24 （b）中的虚线所示。焊枪摆动到熔池前部边缘 C_f 和后部边缘 C_r 时，弧长最长，电弧电压最大；而摆动到熔池左边缘 L 和右边缘 R 时，弧长最短，电弧电压最小。焊枪每摆动一圈，电弧电压的波形经历一个周期，而两个半波是相同的。如果焊枪的摆动中心偏离理想轨迹，即有偏差（比如

图 4-23　电弧跟踪传感器在管-管马鞍形接头焊接中的应用

偏向右侧），则 $\Delta x \neq 0$，电压变化曲线如图 4-24 （b）中的实线所示。电弧电压的最大值相对于熔池前部边缘 C_f 前移，而在熔池尾部边缘 C_r 后移；而且焊枪旋转一圈，电弧电压变化周期的两个半波是不对称的，即相对于 C_f 点不对称。通过求出 C_f 点左右两边相同时间间隔内的电弧电压积分就可判断偏差量，利用该偏差量可进行纠偏控制。

高速旋转电弧跟传感器提高了焊枪位置偏差的检测灵敏度，显著改善了跟踪的精度，而且使得快速控制成为可能。

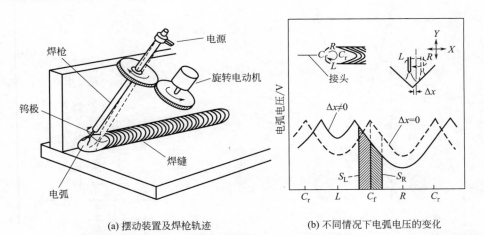

(a) 摆动装置及焊枪轨迹　　　　(b) 不同情况下电弧电压的变化

图 4-24　高速旋转电弧跟踪传感器的原理

（2）激光视觉传感器（参看二维码-视频）

激光视觉传感器是基于三角测量原理的一种传感器，如图 4-25 所示。激光束照射到被测量物体的表面，其反射光束经过成像透镜后在光敏元件上形成一个像点。激光头与成像透镜的连线称为基准线，两者之间的距离为 s，透镜的焦距为 f，激光与基准线的夹角为 β。激光照射到被检测物体后，反射到光敏元件成像平面上的点为 P；过成像透镜作平行于入射激光的平行线，其与成像平面的交点为 P'。显然，激光头、成像透镜与被检测物组成的三角形相似于成像透镜、成像点 P 与辅助点 P' 组成的三角形。设 $PP' = x$，则有

$$b = fs/x \tag{4-3}$$
$$x = x_1 + x_2 = f/\tan\beta + \text{PS} \times P \tag{4-4}$$

式中，PS 是像素单位大小；P 是成像点在像素坐标中相对于成像中心的位置。由式（4-3）和式（4-4）可求得距离 b，利用 b 可求得 d。

$$d = b/\sin\beta \tag{4-5}$$

当激光头与被检测物的距离发生变化时，光敏元件上的像点位置也会相应发生变化，所以根据物像的三角形关系可以计算出高度的变化，因此可测量高度变化量。当激光束以一定轨迹扫描或通过扫描镜片在被检测物的表面投射出线形或其他几何形状的条纹（结构光）时，阵列式光敏元件上就可以得到反映被检测物表面特征的激光条纹图像。而当激光视觉传感器沿着坡口扫描前进时，不仅可能得到坡口的轮廓信息，还可判断扫描中心线是否在坡口中心线上。因此，激光视觉传感器可用于坡口定位、焊缝跟踪、坡口尺寸检测、焊缝成形检测等。

根据激光束是否扫描，激光视觉传感器分为结构光式和扫描式两种。结构光式传感器采用的是束斑尺寸较大的单光面或多光面的激光束和面型的光敏元件。由于其所用激光的功率一般比电弧功率小，通常需要把这种传感器放在焊枪的前面，以避开弧光直射的干扰，如图4-26 所示。这种传感器的缺点是束斑上的光束强度分布难以保证均匀，因此获取的图像质量不高。另外，铝合金、不锈钢、镀锌板等光亮表面会导致二次反射光，而二次反射光会对图像造成强烈的干扰，这给后续的图像处理带来了极大的困难。

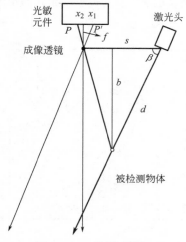

图 4-25　三角测量原理

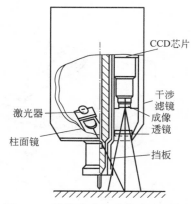

图 4-26　结构光式视觉传感器的结构

扫描式激光视觉传感器采用了束斑直径很小的光束进行扫描成像，因此信噪比很高，反光处理更容易一些。这种传感器一般采用阵列 CCD 器件作为成像器，如图 4-27 所示。其原理为：激光头发出的激光经过聚焦透镜聚焦成束斑很小的激光束，由偏转镜偏转后照射到工件上；该偏转镜在电动机的驱动下旋转，使得激光束在工件上以一定的角度扫描。扫描角度由角位移传感器进行控制。扫描光束的反射光束经过检测转镜和成像透镜后进入 CCD 阵列，形成能够反映工件坡口几何尺寸及空间位置等信息的图像。这种扫描式传感器的景深较大，可达 280mm。由于激光束斑点尺寸不可能很小，其横向分辨率相对较低，通常 >0.3mm。另外，由于其采用的是机械扫描，扫描频率不高，通常只有 10Hz。因此，这种传感器主要用于大厚度工件的焊缝跟踪和自适应质量控制。高精度和高速度的跟踪或检测大多采用结构光式传感器。

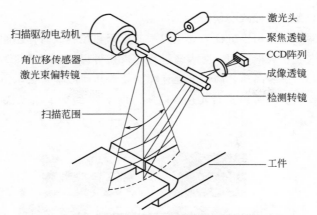

图 4-27　扫描式激光视觉传感器的结构及原理

如果将激光视觉传感器的图像敏感元件由模拟 CCD 升级为数字式 CMOS 器件，图像获取帧率可达 3000～10000 帧/s，显著地提高成像质量、传感速度和精度。利用数字化技术，还可通过适当的图像处理算法来消除铝合金、不锈钢、镀锌板等光亮表面二次反射造成的干扰，更清晰地识别焊缝坡口，实现精确焊缝跟踪的同时，准确地测量接头的间隙、错边和坡口截面积等几何参数，用来进行焊缝质量自适应控制。

扫描式激光视觉传感器通常安装在焊枪上，且应位于焊丝前面一定的距离，如图 4-28 所示。焊接机器人需要利用一个自由度来保证焊枪和传感器实时对中坡口中心。传感器除了要与机器人进行机械连接外，还要通过电气接口与机器人控制器进行电气连接，以构成完整的传感系统，如图 4-29 所示。传感器实时检测焊枪与坡口之间的相对位置，并将检测信息发送给信息处理器进行处理；信息处理器通过双向

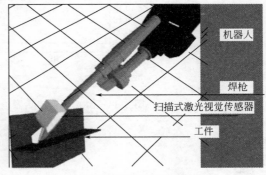

图 4-28　扫描式激光视觉传感器在机器人上的安装

传输通道发送给机器人控制器；机器人控制器接收到传感信息后，综合分析比较给定控制信号和传感信息，根据一定的算法生成控制机器人本体运动的指令，驱动焊枪将电弧对准坡口。

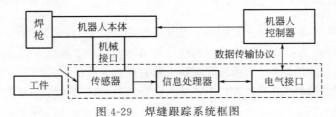

图 4-29　焊缝跟踪系统框图

激光视觉传感器还可用于焊前的焊缝寻位（参看二维码-视频）。所谓焊缝寻位，是指焊前通过一定方式确定工件装配后的焊缝实际位置，确定实际起焊点，纠正因组装或摆放误差导致的位置偏差。这样对于同一类型的工件，仅需示教一次，简化了示教工作量。焊缝寻位和焊缝跟踪的区别是（参看二维码-视频）：前者是焊前进行，纠正的是装配和摆放误差；后者是焊接过程中实时进行，纠

正的是因热变形或装配误差导致的偏差。

激光视觉传感器不仅可用于机器人焊接过程的检测和控制，而且还能用于实时或焊后质量检测。将传感器安装在焊枪后面，对焊缝进行扫描获得焊缝表面的 3D 图像，借助数字技术的图像处理算法，不仅能高速、高精度地计算出焊缝几何形状参数，如熔宽、余高、焊趾角度等，还可检测咬边、焊瘤和表面气孔等缺陷。图 4-30 给出了激光视觉传感器检测出的错边及穿孔缺陷。

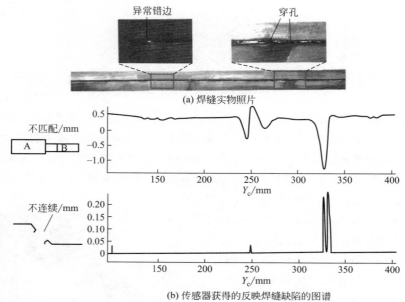

(a) 焊缝实物照片

(b) 传感器获得的反映焊缝缺陷的图谱

图 4-30　激光视觉传感器检测出的错边及穿孔缺陷

习题

1. 工业机器人一般使用哪些传感器？哪些是必须的？哪些是可选的？

2. 位移传感器的主要作用是什么？机器人常用的位移传感器有几种？请简述它们的工作原理及特点。

3. 机器人常用的速度和加速度传感器有几种？请简述它们的工作原理及特点。

4. 机器人常用的力及力矩传感器有几种？请简述它们的工作原理及特点。

5. 焊接机器人常用的外部传感器有哪些？各有何目的？

6. 机器人常用的接近传感器有几类？请简述它们的工作原理及特点。

7. 焊接器人常用的焊接过程电参数传感器有几种？请简述它们的工作原理及特点。

8. 什么是焊缝跟踪控制？常用的传感器有几种？请简述它们的工作原理及特点。

第 5 章

焊接机器人系统

焊接机器人系统由机器人本体、机器人控制器（控制系统）、焊接系统、变位机及夹持装置、焊接传感系统、安全保护装置及清枪站等组成。机器人焊接工作站或机器人生产线通常由一台或多台焊接机器人、若干台搬运机器人、若干台变位机、若干套焊接系统及统一的机器人控制中心构成。

根据焊接方法不同，焊接机器人系统分为电阻点焊机器人系统、弧焊机器人系统、激光焊机器人系统和摩擦焊机器人系统等。

5.1 电阻点焊机器人系统

5.1.1 电阻点焊机器人系统组成及特点

点焊机器人系统一般由机器人本体、机器人控制系统、示教器、点焊钳、气/水管路、电极修磨机及相关电缆等构成，如图 5-1 所示。除此之外，其通常还需要配有合适的变位机

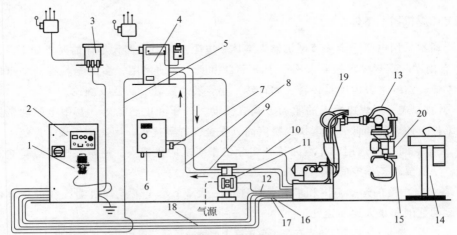

图 5-1　点焊机器人系统的结构组成

1—机器人示教器；2—机器人控制器；3—机器人变压器；4—点焊控制箱；5—点焊指令电缆；
6—水冷机；7—冷却水流量开关；8—焊钳回水管；9—焊钳水冷管；10—焊钳供电电缆；
11—气/水管路组合体；12—焊钳进气管；13—手部集束电缆；14—电极修磨机；15—点焊钳；
16,18—机器人控制电缆；17—机器人供电电缆；19—焊钳（气动/伺服）控制电缆；20—机器人本体

和工装夹具。图 5-2 为机器人本体和点焊钳的典型结构。点焊机器人工作站通常有多台机器人同时工作。图 5-3 为汽车车身生产线用点焊机器人工作站。

图 5-2　焊接机器人本体和点焊钳　　　　　图 5-3　汽车点焊机器人工作站

目前，点焊机器人广泛用于汽车、电子、仪表、家用电器等薄板材料组合件的焊接。一辆白车身上有 4000 多个焊点，人工焊接易受作业人员技术水平、疲劳程度等的影响，焊接质量的可靠性和一致性难以得到保证，而点焊机器人可成功解决这一问题。其主要优点是：

① 焊接过程完全自动化，焊接产品质量显著提高，而且质量稳定性和均一性好；

② 焊接生产率高；

③ 持续工作时间长，一天可 24h 连续生产；

④ 工人劳动条件好，劳动强度低，对工人操作技术的要求显著降低；

⑤ 柔性好，既适合大批量产品生产，又适合小批量产品生产；

⑥ 易于实现群控，且可编组到生产线上，进一步提高生产率。

5.1.2　电阻点焊机器人本体及控制系统

（1）点焊机器人本体

点焊通常采用电驱动全关节型机器人本体。电阻点焊对机器人本体的要求如下。

① 自由度　点焊要求机器人不少于 5 个自由度，目前使用较多的是具有 6 个自由度的机器人本体。这 6 个自由度是腰转、大臂转、小臂转、腕转、腕摆及腕捻。

② 驱动方式　点焊机器人的驱动方式有气动、液压和电驱动等。其中电驱动机器人由于具有维护方便、能耗低、速度快、精度高、安全性好等优点，因此应用最为广泛。

③ 工作空间　需选用工作空间符合实际工作要求的机器人。通常根据焊点位置和数量来选择，一般要求工作空间不小于 $5m^3$。

④ 各个自由度的运动范围和最大运动速度　表 5-1 给出了点焊机器人在各个自由度上典型的运动范围和最大运动速度。

表 5-1　点焊机器人在各个自由度上典型的运动范围和最大运动速度

自由度	运动范围/(°)	最大运动速度/[(°)/s]
腰转	±135	50
大臂转	前 50，后 30	45
小臂转	上 40，后 20	40

自由度	运动范围/(°)	最大运动速度/[(°)/s]
腕转	±90	80
腕摆	±90	80
腕捻	±170	80

⑤ 腕部负载能力　由于点焊钳较重，因此点焊要求机器人具有较大的负载能力。一般应不小于 50～120kg。

⑥ 控制方式和重复精度　点焊过程中主要控制焊点的位置，因此可采用点位控制方式（PTP）。其定位精度应优于±5mm。

⑦ 点焊速度　点焊机器人的点焊速度较大，一般在 60 点/min 以上。选择点焊机器人时，应注意单点焊接时间要与生产线物流速度相匹配。

（2）示教器

示教系统是机器人与人的交互接口，它实质上是一个专用的智能终端。图 5-4 为典型的点焊机器人示教器。

示教器采用了图形化界面，通过触摸屏和按键可完成所有指令操作，实现所有设置和状态信息显示。点焊机器人的控制模式通常为 PTP（点位控制型），因此其示教较为简单，仅需示教点焊钳在两个端点的位姿和焊接参数，两点之间的路径不控制。

（3）机器人控制器

点焊机器人控制器可处理机器人工作过程中的全部信息，并发出控制命令控制机器人系统的全部动作和点焊钳的焊接参数。如果在示教过程中操作者误操作或焊接过程中出现故障，报警系统均会自动警报并停机，同时显示错误或故障信息。

图 5-4　点焊机器人示教器

点焊机器人控制器与电阻点焊控制器进行通信的方式一般采用点对点的 I/O 模式。

5.1.3　点焊系统

点焊系统由点焊钳、点焊电源、焊接控制器及水、电、气等辅助系统等组成。

（1）点焊钳及点焊电源

1）点焊钳的结构形式

点焊钳是点焊机器人的末端执行器，根据其结构形式，可分为 C 形和 X 形两种，如图 5-5 所示。C 形点焊钳用于竖直及近于竖直方向上的焊点焊接，X 形点焊钳则主要用于水平及近于水平方向上的焊点焊接。

2）点焊钳的驱动方式

按照驱动方式，点焊机器人的焊钳可分为气动点焊钳和伺服点焊钳。气动点焊钳是利用压缩空气气缸进行驱动，通过换向阀来控制开闭动作，由焊接控制器发出模拟信号驱动比例阀来控制焊接压力的。这种焊钳具有结构简单、易于维护保养的优点。其缺点是焊接压力在焊接过程中无法进行实时调节，不利于焊接质量的提高；电极移动速度在加压过程中无法控制，对工件冲击较大，既容易使工件产生变形，又产生较大的噪声；焊接压力控制精度低，易导致较大飞溅。另外，这种点焊钳的电极易于磨损，影响焊接质量。

伺服点焊钳的张开、闭合以及焊接压力的施加均由伺服电动机来驱动，张开度和焊接压力均为无级调节，而且调节精度极高。有些机器人还能把伺服点焊钳的伺服驱动电动机作为机器人的一个联动轴。伺服点焊钳闭合加压过程中可实时调节压力，保证两电极轻轻闭合，实现软接触，最大限度地降低了对工件的冲击，减弱了噪声和飞溅。由于点焊钳的张开程度可无级调节并精确控制，因此从一个焊点向另一个焊点移动的过程中可逐渐闭合钳口，缩短焊接周期，提高生产效率。

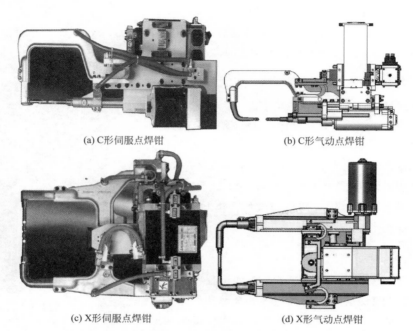

(a) C形伺服点焊钳　　　　　　　　　(b) C形气动点焊钳

(c) X形伺服点焊钳　　　　　　　　　(d) X形气动点焊钳

图 5-5　点焊机器人点焊钳

3）点焊钳与点焊电源的连接关系

点焊电源是提供焊接电流的装置。根据点焊钳与点焊电源的连接关系，点焊钳分为一体式、分离式和内藏式三种，如图 5-6 所示。

一体式点焊钳的点焊电源和钳体是组装为一体的，安装在机器人本体的手臂末端，如图 5-6（a）所示。其优点是无需采用粗大的二次电缆及悬挂变压器的工作架、结构简单、维护费用低、节能省电（与分离式相比，可节能 2/3）。其缺点是操作机末端承受的负荷较大（一般为 60kg）、点焊钳可达性较差。图 5-7 给出了一体式点焊钳的结构。

分离式点焊钳的钳体和点焊电源是相互独立安装的，前者安装在机器人本体的手臂末端，而后者悬挂在机器人上方的悬梁式轨道上，并可在轨道上随着焊钳移动，二者之间通过电缆相连，如图 5-6（b）所示。这种点焊钳的优点是机器人本体手臂末端的负载较小、运动速度高、造价便宜。其缺点是能量损耗较大、能源利用率低、工作空间和焊接位置受限、维护成本高（连接电缆需要定期更换）。

内藏式点焊钳的点焊电源安放在了机器人手臂内靠近钳体的位置，如图 5-6（c）所示。其优点是二次电缆短、变压器容量小，缺点是使机器人本体的设计结构复杂。

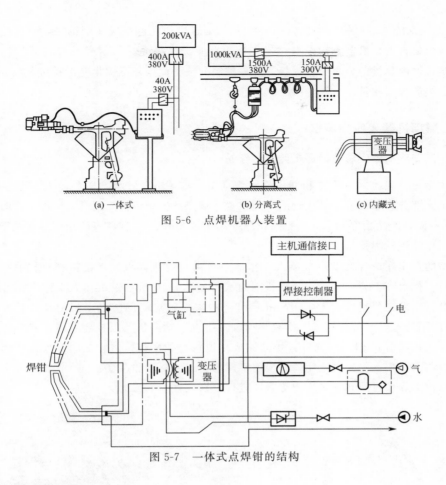

图 5-6 点焊机器人装置

图 5-7 一体式点焊钳的结构

（2）焊接控制器

焊接控制器的功能是完成焊接参数输入、焊接程序存储，进行简单或复杂的点焊时序控制、电流波形控制、焊接压力调节及控制、焊接时间控制（包括加压时间、通电时间、保持时间和间歇时间等），提供故障诊断和保护，实现与机器人控制器及手控示教器的通信联系。其通信方式一般为点对点的 I/O 模式。

根据焊接控制器和机器人控制器的相互关系，点焊机器人系统有三种结构形式。

① 中央控制型 由主计算机进行统一管理、协调和控制，焊接控制器作为整个控制系统的一个模块安装在机器人控制器的机柜内。这种控制方式的优点是设备集成度高。

② 分散控制型 焊接控制器与机器人控制器彼此相对独立，分别控制焊接过程和焊接机器人本体的动作，两者通过"应答"方式进行通信。开始焊接时，机器人控制器发出焊接启动信号，焊接控制器接到该信号后自行控制焊接程序的运行，并在焊接结束后向机器人控制器发送结束信号。机器人控制器收到结束信号后使焊钳移位，进行下一个焊点的焊接。其典型焊接循环如图 5-8 所示。

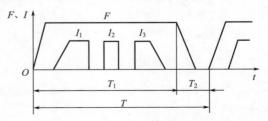

图 5-8 点焊机器人典型的焊接循环

T_1—焊接控制器控制；T_2—机器人主控计算机控制；

T—焊接周期；F—电极压力；I—焊接电流

③ 群控系统　以群控计算机为中心将多台点焊机器人连接成一个网络，对这些机器人进行群控。每台点焊机器人均设有"焊接请求"及"焊接允许"信号端口与群控计算机相连，以实现网内焊机的分时交错焊接。这种控制方法的优点是可优化电网瞬时负载、稳定电网电压、提高焊点质量。

5.1.4　点焊机器人应用案例

（1）汽车座椅骨架总成点焊机器人工作站

汽车座椅骨架通常由管件和冲压件组焊而成，如图 5-9 所示。整个骨架结构总共有 30 个焊点，大部分焊点位于不易接近的空间位置。该产品生产节拍要求高，单件生产时间应不大于 60s；而且产品精度要求高，整体误差要小于 0.5mm。这种特点的结构非常适于用点焊机器人工作站进行焊接。

典型的汽车座椅骨架点焊机器人工作站主要由点焊机器人、焊接控制器、中频伺服焊枪、旋转工作台、工装夹具、安全围栏等组成，如图 5-10 所示。机器人本体采用 6 自由度多关节型，重复定位精度为 ±0.07mm，每个轴均采用交流伺服电动机驱动，最大负载为 235kg。所用的工作台可与机器人实现联动，其换位运动由机器人控制器统一控制。工件装夹由机器人控制器和 PLC 控制装置协同完成。焊接参数和焊接过程的时序控制由用户通过焊接示教器来预先设置。由于座椅骨架的不同部位工件材质和厚度不同，因此要对各个焊点的焊接电流、焊接时间和焊接压力等参数进行分别设置。

图 5-9　汽车座椅骨架总成

图 5-10　座椅骨架点焊机器人工作站

在焊接过程中，经常产生的缺陷有骑边、焊穿、焊核偏小等。机器人焊接产生骑边的主要原因是焊接位置调试不当，需要重新调整焊接位置；焊穿的主要原因是焊接电流偏大、焊接时间偏长或者工件搭接缝隙过大；焊核偏小的主要原因是焊接电流偏小、焊接时间短。

（2）白车身点焊机器人工作站

白车身点焊机器人工作站通常由群控计算机、搬运机器人和多台点焊机器人构成。群控计算机与每台机器人之间以及各个机器人之间通过网络线路通信，实现各台机器人之间的协同配合。工作站中的所有点焊机器人同时对不同位置的焊点进行焊接。焊完当前焊点后，每个机器人均自动移动到下一个预定焊点，然后再同时焊接。通过多台机器人的协同配合，这种工作站显著提高了焊接生产率和焊接质量。图 5-11 为典型的白车身点焊机器人工作站。

图 5-11　白车身点焊机器人工作站

5.2　弧焊机器人系统

5.2.1　弧焊机器人系统组成

弧焊机器人系统又称焊接机器人工作站（参看二维码-视频），通常由机器人本体、机器人控制器、示教器、焊接系统、外部传感器、变位机、安全防护装置及清枪站等构成，而焊接系统主要由焊枪、送丝机和弧焊电源构成。弧焊电源应为机器人专用电源，具有与机器人通信的接口。图 5-12 为典型的弧焊机器人系统组成。机器人系统可以是一台机器人配多台变位机，焊接和工件装配同时进行；也可以是多台机器人配一台变位机，多台机器人同时对一个工件不同部位的焊缝进行焊接。图 5-13 是 1 台机器人和 3 台变位机组成的机器人工作系统。图 5-14 为 2 台机器人和 1 台变位机组成的机器人系统。

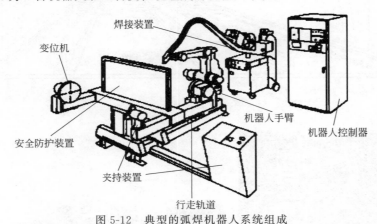

图 5-12　典型的弧焊机器人系统组成

5.2.2　弧焊机器人本体及控制器

（1）弧焊机器人本体

为了实现高质量焊接，要求弧焊机器人可以驱动焊枪精确地沿着坡口中分线运动（如果

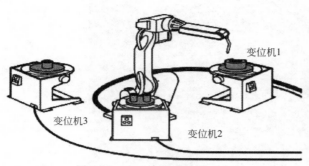
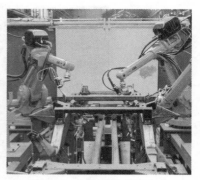

图 5-13　由 1 台机器人和 3 台
变位机组成的机器人系统

图 5-14　2 台机器人和 1 台
变位机组成的机器人系统

焊枪摆动，则摆动中心沿着坡口中分线行走）并保证焊枪的姿态，而且控制系统能够在焊接过程中根据坡口尺寸或对中情况不断调节焊接工艺参数（如焊接电流、电弧电压、焊接速度、焊枪位姿等）。一般应满足以下几个要求。

① 自由度。6 个自由度的弧焊机器人即可满足大部分弧焊要求。如果工件复杂而且自动化程度要求高，可通过变位机扩展自由度。

② 重复定位精度。大部分弧焊工艺要求的重复定位精度为 ±（0.05～0.1）mm，等离子弧焊工艺的重复定位精度要求更高。

③ 工作空间范围。机器人的工作空间范围一般为 1.40～1.6m。可通过龙门架扩展工作空间范围，如图 5-15 所示；也可通过悬臂梁或行走轨道等装置扩展工作空间范围，如图 5-16 所示。

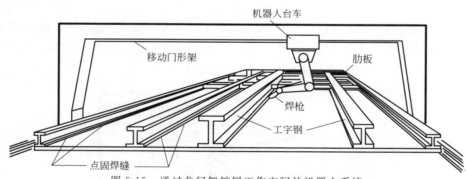

图 5-15　通过龙门架扩展工作空间的机器人系统

(a) 通过悬臂梁扩展工作空间　　(b) 通过行走轨道扩展工作空间(参看二维码-视频)

图 5-16　扩展工作空间的机器人系统

④ 负荷能力。弧焊机器人焊枪的质量一般较小，负荷能力要求为 6～20kg。

⑤ 便于安装各种传感器，以实现自适应控制。

（2）弧焊机器人控制器及示教器

弧焊机器人控制器是机器人的神经中枢。它能存储并执行通过示教器编写的工作程序，处理机器人工作过程中的全部信息和控制其全部动作。弧焊机器人控制器通常应满足下列条件。

① 具有丰富的接口功能，通过一定的协议与变位机、弧焊电源、传感器等交换信息。

② 有足够的储存空间，能够储存 1h 以上的示教内容。应至少能储存 5000～10000 个点位。

③ 具有极高的抗干扰能力和可靠性，能在各种生产环境中稳定地工作，其故障率小于 1 次/1000h。

④ 具有自检测和自保护功能。例如，当焊丝或电极与工件"粘住"时，系统能立即自动断电，对系统进行保护；在焊接电弧未引燃时，焊枪能自动复位并自动再引弧。

图 5-17　弧焊机器人示教器

弧焊机器人示教器用于示教机器人、编写示教程序、显示机器人工作状态、运行或试运行示教程序，可与机器人控制器通过接口（如 USB 接口、CAN 总线等）相连，按照一定的通信协议通信。如果使用 USB 接口，则可进行热插拔。示教器设有丰富的键盘功能和触摸显示屏，便于进行机器人运动控制和编写程序，如图 5-17 所示。不同机器人的操作系统是不同的，大部分机器人的操作系统与 Windows 类似。

5.2.3　弧焊机器人的焊接系统

弧焊机器人的焊接系统主要由弧焊电源、送丝机、焊枪、清枪站等组成。

（1）弧焊电源

在很多情况下，弧焊机器人需要在焊接过程中不断调节焊接参数，因此机器人用弧焊电源需要配置机器人接口，以实现与机器人控制系统的通信。另外，弧焊电源还应具有更高的稳定性、更好的动态性能和调节性能，最好选用高性能的全数字化电源，具有专家数据库或一元化调节功能。除此之外，机器人用弧焊电源还应具有如下功能。

① 焊丝自动回烧去球功能，即通过送丝速度和电源输出电压的协调控制，防止焊丝端部在熄弧过程中形成熔球。这是因为弧焊机器人要求 100% 的引弧成功率，焊丝端部一旦形成小球，下一次焊接时的引弧成功率将显著下降。

② 精确调节引弧电流大小、引弧电流上升速度、收弧电流大小及收弧电流下降速度，以保证引弧点和熄弧点处的焊缝成形质量。

③ 配有弧焊机器人控制器连接接口，按照 I/O、DeviceNet、Profibus 和以太网等方式与机器人控制器进行高速通信。

④ 熔化极气体保护焊电源能够可靠实现一脉一滴过渡。

⑤ 负载持续率应达到 100%。

⑥ 对于 TIG 焊电源，还应具有高频屏蔽功能，否则，引弧过程中的高频电信号会窜入机器人控制系统，影响机器人动作，甚至损坏机器人控制系统。

（2）送丝机

送丝机通常安装在机器人本体的肩部。与半自动焊相比，弧焊机器人送丝平稳性的要求更高。因此，弧焊机器人的送丝机应采用四驱动轮送丝机构、采用伺服电动机进行驱动，采用微处理器进行控制；必须设有与弧焊电源或机器人控制器通信的接口；具有点动送丝/回抽功能，而且其焊丝盘应便于更换。特别是 CMT-GMAW 用送丝机，应采用惯性极小的伺服电动机进行驱动，以实现送丝/回抽的快速切换控制。

（3）焊枪

弧焊机器人焊枪的安装方式有两种，一种是内置式，另一种是外置式，如图 5-18 所示。采用内置式连接方式时，机器人本体的腕部需要做成中空状，以便于安装焊枪。这种安装方法的优点是焊枪的可达性好，缺点是结构复杂，而且焊枪的转动对电缆寿命有影响。采用外置式安装方式时，需要在弧焊机器人的第六轴上安装一个焊枪夹持装置，显著降低了焊枪的可达性。但这种安装方式具有成本低、结构简单的优点，在可达性满足要求的情况下，一般均采用这种安装方式。

 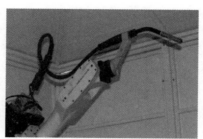

(a) 内置式安装　　　　　　　　　　(b) 外置式安装

图 5-18　机器人焊枪的安装

弧焊机器人的焊枪上最好安装防碰撞传感器，如图 5-19 所示。这样，焊枪在遇到障碍

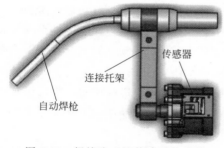

物或人时会立即停止运动，保证人员和设备安全。常用的防碰撞传感器为压缩弹簧式三维传感器。发生碰撞时，碰撞力挤压弹簧使弹簧收缩，启动开关使机器人立即停止运动。复位后弹簧自动弹回，无需对焊枪重新校验。这种防碰撞传感器具有体积小、结构简单、可靠性高的优点，可防止各个方向上的碰撞；而且可根据实际需要，通过更换不同弹性系数的弹簧来调节保护等级。

图 5-19　焊枪防碰撞传感器的安装

（4）清枪站

为了提高生产效率，弧焊机器人系统通常配有清枪站，用于清理焊枪上的飞溅颗粒及异物，并涂抹防飞溅油。清枪站通常利用旋转铰刀进行喷嘴清理工作。其工作流程为（参看二维码-视频）：将铰刀伸入喷嘴内部，并使之

绕焊丝和导电嘴旋转几周即可把飞溅物清理干净；清理完成后转动喷油嘴对准焊枪喷嘴内壁喷洒防飞溅硅油，如图 5-20 所示。

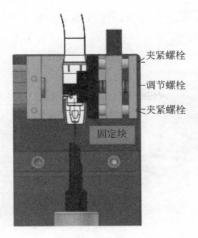

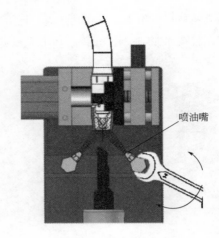

(a) 用铰刀清理飞溅颗粒　　　　　　(b) 在喷嘴内壁喷洒硅油

图 5-20　清枪站清理焊枪示意

5.3　焊接机器人变位机

变位机是机器人系统不可或缺的组成部分，用来翻转、回转和移动工件，使被焊工件的焊缝处于最适合机器人焊接的位置，以提高焊缝质量和焊接效率。

变位可在焊接之前完成，也可在焊接过程中配合机器人的动作实时进行。如果需要在焊接过程中实时变位，变位机上需要配有机器人通信接口，通过一定的通信协议与机器人进行通信，由机器人控制器对变位机的运动进行统一的协调控制，这样变位机的运动轴直接成为机器人的外部扩展运动轴。机器人控制器对变位机的控制称为联动。图 5-21 示出了通过变位机与机器人本体配合将弧焊机器人系统的自由度（运动轴）由 6 个扩展为 8 个的典型例子。

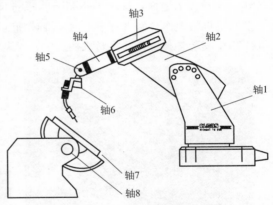

图 5-21　具有 8 个轴的弧焊机器人系统

按照是否与机器人联动，变位机分为联动变位机和普通变位机两种。生产中使用的变位机以联动变位机居多。按照运动轴的数量，变位机分为单轴、双轴、三轴等几种。

变位机最常见的运动是回转运动和翻转运动（倾斜运动）。回转运动应实现无级调速，并能反转；在可调的回转速度范围内，在额定最大载荷下的转速波动应不超过 1%。翻转运动应平稳，在额定最大载荷下不抖动、不滑动；应设有倾斜角度指示刻度，并设有控制倾斜角度的限位装置。倾斜机构应装有自锁功能以保证安全。有些变位机还可在一定方向上移动，比如平移或上升。

5.3.1　单轴变位机

典型的单轴变位机为头架-尾架型变位机，其头、尾架可以分离，如图 5-22 所示。这种单轴变位机主要由驱动头架、机架、尾架和驱动系统组成。驱动头架中装有伺服驱动电动机、高精度减速机，用来提供转动动力。尾架上没有动力装置，仅仅用来夹紧工件。这种变位机可使工件绕水平轴360°旋转。其主要参数有负载能力、旋转角度、工件直径、工件长度、旋转速度、定位精度等。

(a) 一体式　　　　　　　　　　　　　　　(b) 分体式

图 5-22　头架-尾架型变位机

另一种典型的单轴变位机为双立柱单回转式变位机，如图5-23所示，由工作台面（或夹具）、两个立柱及安装在一个立柱上的驱动装置组成，工作台面与地面要保持一定的距离，以实现工件的大角度翻转。其工作台面（或夹具）还可设计为可沿着立柱升降的。该种变位机适合大工件的焊接，例如装载机的后车架、压路机的机架等工程机械的长方形结构件。

其他单轴变位机还有箱形变位机和T形变位机，如图5-24所示。其中，箱形变位机的工作台面垂直于地面，旋转轴平行于水平方向并离地面一定的距离，如图5-24（a）所示；T形变位机的工作台面平行于地面，旋转轴垂直于地面；工作台面上刻有安装基线和安装槽孔，用于安装各种定位和夹紧机构。

图 5-23　双立柱单回转式变位机

(a) 箱型　　　　　(b) T型

图 5-24　其他单轴变位机

5.3.2　双轴变位机

常用的双轴变位机有A型、L型、C型、U型及⊂型等几种，如图5-25所示。尽管形状不同，但其组成机构基本相同，均由翻转机构、回转机构、机座、工作平台和驱动系统等几部分构成。翻转和回转驱动机构均由伺服电动机及高精度减速机组成，可高精度地控制翻转和回转动作。工作台面上刻有安装基线和安装槽孔，用来安装各种定位工件和夹紧机构，具

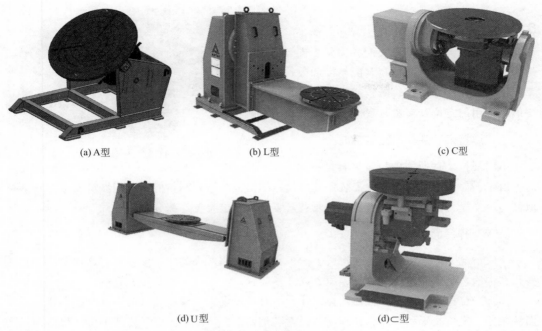

(a) A型　　　　　　　　　(b) L型　　　　　　　　　(c) C型

(d) U型　　　　　　　　　(d) ⊂型

图 5-25　常用的双轴变位机

有较高的强度和抗冲击性能。通过与机器人联动，双轴变位机可将任意位置的焊缝变位到平焊或船形焊位置进行焊接，因此其特别适合焊缝分布在不同平面上的复杂结构件的焊接，如图 5-26 所示。

图 5-26　通过变位机与机器人联动将空间位置变位为平焊位置（二维码-视频）

5.3.3　三轴变位机

典型的三轴变位机为 H 型变位机，主要由机架、回转支撑柱、翻转变位框、安装在翻转变位框两侧的两对旋转头及各个轴的驱动系统组成，如图 5-27 所示。驱动系统由伺服电动机及 RV 精密减速机构成。工件除可沿着支撑柱中心的竖直轴旋转，沿着变位框主梁的轴线翻转外，还可由旋转头驱动进行旋转。两对旋转头可夹持两个工件，形成两个工位，一个工位焊接时，可在另一个工位上装夹或拆卸工件。两个工位之间设有隔离板，保护操作人员的安全。

5.3.4 焊接工装夹具

焊接工装夹具是用来装配并夹紧工件的焊接工艺装备，是为提高装配精度和效率、保证焊件尺寸精度、防止或减小焊接变形所采用的定位及夹紧装置。

图 5-27　H 型三轴变位机

（1）焊接工装夹具的结构组成

不同焊接工件所需的工装夹具是不同的。由于工件千差万别，因此工装夹具的具体结构也各不相同，但其功能性组成结构基本类似，均由支撑台面、定位装置、压紧或夹紧装置和测量装置等部分组成。

（2）支撑台面

一般情况下，焊接机器人变位机上的工作台面可用作夹具的支撑台面。这种台面上有一些孔和沟槽，用来安装定位装置、压紧或夹紧装置。

如果变位机上没有工作台面，在设计台面时，要设置足够的孔或槽，以便于安装和更换测量装置、定位装置和夹具。在刚度和强度满足要求的情况下，应尽可能采用框架结构，这样可以节约材料，减轻夹具自重。

（3）定位装置

定位装置有定位挡块、定位销和定位样板。应满足如下要求。

① 应具有足够的刚性和硬度，工作表面应具有足够的耐磨性，以保证使用寿命内具有足够的定位精度。

② 为了提高通用性，定位元件应便于调整和更换，以适合结构或尺寸不同的产品定位和装夹。

③ 通过合理的设计，避免定位元件受力，以免影响定位精度。

④ 不影响工件装配和拆卸的便利性，不影响焊接机器人的可达性。

（4）夹紧或压紧装置

夹紧或压紧装置的安装应符合下列条件。

① 应具有足够的刚性和硬度，工作表面应具有足够的耐磨性，以便能够承受各种力的作用。

② 既能够可靠夹紧或压紧，不产生滑移，又不至于产生过大的拘束应力，以免破坏定位精度，影响产品形状。

③ 便于工件的装配和拆卸，不影响焊接机器人的可达性。

④ 夹具本身便于更换。

目前常用的夹紧装置有快速夹紧装置、气动夹紧装置等。快速夹紧装置结构简单、动作迅速，从自由状态到夹紧仅需几秒，符合大批量生产需要，其典型结构如图 5-28 所示。快速夹紧装置可多个串联或并联使用，实现二次夹紧或多点夹紧；对定位精度

图 5-28　快速夹紧装置

要求较低的焊件可同时实现夹紧和定位，免除了定位元件。图 5-29 为气动夹紧装置。这种夹紧装置可实现自动压紧，而且可靠性更高。

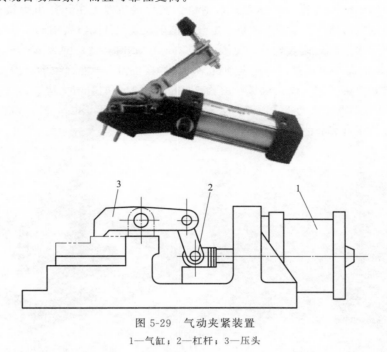

图 5-29　气动夹紧装置
1—气缸；2—杠杆；3—压头

5.4　弧焊机器人系统应用案例

5.4.1　工程机械行业——抽油机方箱、驴头焊接机器人工作站

抽油机是开采石油的一种机器设备，俗称"磕头机"，主要由驴头、游梁、连杆、曲柄机构、减速箱、动力设备和辅助装备等组成，如图 5-30 所示。其工作时，电动机的转动经变速箱、曲柄连杆机构变成驴头的上下运动，驴头通过光杆、抽油杆带动井下抽油泵的柱塞做上下运动，从而不断地把井中的原油抽出井筒。

图 5-30　抽油机

（1）抽油机方箱、驴头焊接机器人工作站

抽油机方箱的结构如图5-31所示。抽油机方箱焊接机器人工作站由焊接机器人本体、焊接电源、三轴龙门架、头尾架变位机、电气控制柜及其他外围设备组成，其系统布置如图5-32所示。机器人龙门架的 X 向移动范围为3000mm，Y 向移动范围为1500mm，Z 向移动范围为2000mm，采用普通交流伺服电动机驱动。焊接机器人与龙门架的有效结合，最大限度地优化了有效焊接区域（焊接区域长度为3000mm＋2×1610mm，宽度为1500mm＋2×1610mm；待焊工件最大长度为2710mm，最大焊接宽度范围为1860mm），使得机器人能够完成抽油机方箱所有焊缝的焊接。

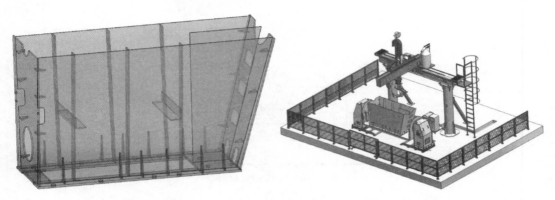

图 5-31　抽油机方箱　　　　　　　　　　图 5-32　抽油机方箱焊接机器人工作站

抽油机驴头的结构如图5-33所示。抽油机驴头焊接机器人工作站是由焊接机器人、焊接电源、两轴倒挂式行走导轨、头尾架变位机、电气控制柜及其他外围设备组成的，其系统布置如图5-34所示。驴头工件上有多条可达性差的内部焊缝，可采用倒挂式行走导轨将机器人倒挂，以便于把焊枪伸到驴头内部，可靠地焊接这些内部焊缝。倒挂式行走导轨为交流伺服电动机驱动，横向移动范围为6000mm，上下移动范围为2000mm，显著扩大了机器人的工作范围，不仅能满足工件焊接要求，同时可降低设备成本。

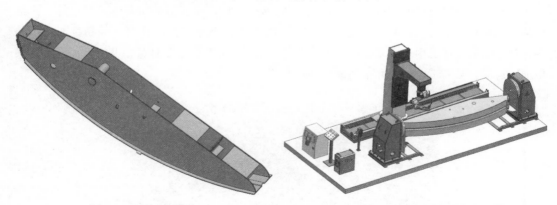

图 5-33　抽油机驴头　　　　　　　　　　图 5-34　抽油机驴头焊接机器人工作站

为保证焊接质量和焊接效率，这两种机器人工作站均配置了完善的自保护功能和焊接工艺数据库，主要包含原始路径再继续、故障自诊断、焊缝寻位功能、多层多道功能、专家数据库、摆动功能、清枪剪丝等。

（2）焊接工艺流程

焊接工件表面应尽量清洁无油，装配及定位焊应满足工件图纸的尺寸公差要求；角接焊缝组对间隙超过 2mm 时先用焊条电弧焊或半自动 CO_2 气体保护焊进行定位焊和打底焊，焊缝起始端 10cm 范围内不能进行定位焊。

该系统焊接工艺流程如图 5-35 所示。

① 准备工序：焊接工件按图纸要求组对并进行定位点焊。

② 安装工件：操作工进入机器人工作区，将工件放置到待焊工位，通过夹具将待焊工件固定到头尾架变位机上。

③ 机器人焊接：操作工回到安全位置，按下启动按钮，机器人从设定的位置开始自动焊接。

④ 工件卸装：焊接结束后，操作工再次进入机器人工作区，卸下工件。

重复上述步骤，可进行下一个工件的焊接。

（3）焊接效果

图 5-36 为抽油机焊接机器人工作站实物，图 5-37 为机器人工作站焊接的抽油机实物及焊缝形貌。

图 5-35　焊接工艺流程

图 5-36　抽油机焊接机器人工作站

图 5-37　机器人工作站焊接的抽油机实物及焊缝形貌

5.4.2　建筑工程行业——建筑铝模板焊接机器人工作站

（1）建筑铝模板焊接机器人工作站

铝模板是由铝型材、铝板材、加强筋及紧固件等组焊而成的。建筑施工过程中，利用模板构成混凝土结构施工所需的封闭型腔，阻挡混凝土外泄，保证建筑结构成型，如图5-38所示。

典型的建筑铝模板焊接机器人工作站是由两台焊接机器人本体、两台焊接电源和送丝机、两个焊接工作台、控制系统及其他外围设备组成的，其系统布置如图5-39所示。高度智能化、柔性化的焊接机器人配套使用数字化脉冲逆变焊机，再结合灵活可变的工作台和工装夹具可实现多种规格铝模板的焊接，并保证良好的焊接质量。

图5-38　建筑铝模板的应用

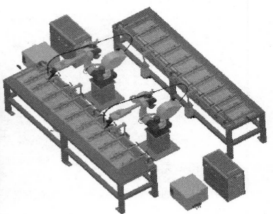
图5-39　建筑铝模板焊接机器人工作站

（2）焊接工作台

焊接工作台采用了气动翻转装置和端板定位板（精确定位装置），如图5-40所示。气动翻转装置由气缸传动轴和压紧横梁组成，气缸通过传动轴控制压紧横梁的升降，实现工件的自动装夹及翻转。每个压紧横梁均可独立调整位置，以适应各种不同尺寸工件的装夹要求。端板定位板用于工件的快速、精确定位。

铝模板工件类型繁多，不同的铝模板应采用不同的机器人工作站。除上述的双机器人双工位工作站外，还有单机器人双工位、单机器人单工位等多种形式的工作站。图5-41～图5-43为这三种工作站的实物。

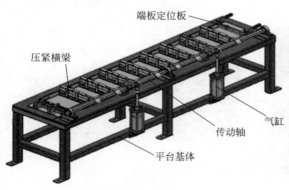
图5-40　焊接工装

图5-41　双机器人双工位

（3）焊接工艺流程

对于双机器人双工位的铝模板焊接机器人工作站，两台机器人同时焊接同一工件；焊接完毕后，再同时转到另一工位同时进行焊接。其具体工艺流程如下。

图 5-42 单机器人双工位

图 5-43 单机器人单工位

① 安装工件：首先操作工人进入机器人工作区，根据定位基准将新的板槽放置在焊接台上；然后按下压紧横梁翻转开关，压紧横梁自动翻转至水平位置；最后人工将加强板顺次贴合到横杆上的定位基准上，并锁紧夹钳。

② 机器人焊接：操作工人在安装完毕后回到安全位置，按下机器人启动按钮，机器人调用示教程序，从设定的位置开始自动焊接。

③ 工件卸装：焊接结束后机器人跳转到另一个工位进行焊接，操作工人再次进入机器人工作区，打开压紧横梁翻转开关，卸下已经焊完的工件。

重新上述循环过程，可进行下一个工件的焊接。

（4）焊接效果及生产效率分析

利用上述机器人工作站焊接铝模板时焊接电参数、焊接速度、焊枪位姿都能保持稳定，减少了人为因素对焊缝质量的影响；焊接过程中飞溅明显很小，焊缝表面光滑、成形均匀，不存在咬边等缺陷，有效地提高了焊缝质量和焊接质量的稳定性。图 5-44 为该工作站实际焊接的焊缝形貌。

图 5-44 焊缝形貌

对于双工位机器人工作站，每件铝模板的生产时间等于该工件的焊接时间。这是因为采用双工位焊接时，工件装卸与工件焊接是在不同工位上同步进行的。而传统半自动焊的单件生产时间等于工件焊接时间＋上下料时间＋装夹工件时间＋工人休息时间。表 5-2 给出了两种规格的铝模板半自动焊和机器人焊生产时间的比较。可见，机器人焊的生产效率是一般传统半自动焊的 2～2.5 倍。

表 5-2　半自动焊和机器人焊的铝模板生产时间比较

工件序号	工件尺寸/m	半自动焊的单件生产时间/(min/件)	机器人焊的单件生产时间/(min/件)	效率提高/倍
1	1.2×0.6	6	2.5	2.4
2	2.7×0.6	11	5	2.2

5.4.3 电力建设行业——电力铁塔横担焊接机器人工作站

（1）横担焊接机器人工作站

横担是电力铁塔中重要的组成部分。它的作用是安装绝缘子及金具，以支撑导线和避雷线，并使之保持规定的安全距离，如图 5-45 所示。

图 5-45　电力铁塔

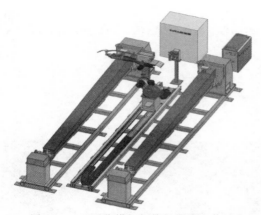

图 5-46　双工位横担焊接机器人工作站

双工位横担焊接机器人工作站主要由焊接机器人本体、焊接电源、两台头尾架变位机、机器人行走机构、控制柜及其他外围设备组成，其系统布置如图 5-46 所示。箱式横担是由几十块尺寸不等的钢板和角钢焊接而成的。装配定位后难免会存在装配误差，而且焊接过程中还会发生变形，因此，这种机器人工作站应装有焊缝跟踪装置，以保证焊枪在焊接过程中始终对准焊缝坡口。另外，这种机器人工作站通常还装有焊缝寻位装置，以使机器人能够在起焊时自动找到焊缝的起始位置，提高焊接效率。

（2）焊接工装

横担焊接机器人工作站采用了机器人直线行走机构，可有效扩展机器人的工作空间范围，以适应不同长度的横担焊接。头尾架变位机能够翻转工件，使焊缝达到最佳焊接姿态和位置，实现角焊、平焊、船形焊。采用正反丝杠对中装置，转动正反丝杠手轮可以带动一对正反丝杠压板相向或相对移动，实现对工件的压紧或者松开，确保夹持工件的准确性及重复定位精度，便于机器人寻位及焊接。

（3）焊接效果及生产率分析

图 5-47 为横担焊接机器人工作站实际焊接现场及焊接的焊缝形貌。可见，其焊缝成形良好，焊接残余变形小，周围基本没有飞溅颗粒。表 5-3 比较了机器人焊与半自动焊的单件横担生产时间。

图 5-47　横担焊接机器人工作站生产现场及焊缝形貌

表 5-3　机器人焊与半自动焊的单件横担生产时间对比

工件尺寸/m	半自动焊生产时间 /(min/件)	机器人焊生产时间 /(min/件)	提高效率/倍数
1.0	0.25	12	0.33
2.0	0.67	22	0.80
2.5	1.0	30	1.00
3.0	1.2	38	1.11
3.5	1.4	46	1.17

5.4.4　农业机械行业——玉米收获机焊接机器人工作站

（1）玉米收获机焊接机器人工作站

玉米收获机是一种能够进行玉米的茎秆切割、摘穗、剥皮、脱粒、秸秆处理及收割后旋耕土地等作业的机械装备，如图 5-48 所示。

玉米收获机中有多种零部件能采用机器人进行焊接生产，如拉草轮、拉茎轮、摘穗支架、前桥等，如图 5-49 所示。

双工位玉米收获机焊接机器人工作站主要由焊接机器人本体、焊接电源、两台头尾架变位机、控制柜及其他外围设备组成，如图 5-50 所示。焊接电源为数字式脉冲电源，利用这种电源焊接时，熔滴过渡为一脉一滴的喷射过渡，焊接过程稳定、飞溅小、焊缝成形好、残余变形小。

图 5-48　玉米收获机

头尾架变位机能够翻转工件，使焊缝达到最佳焊接姿态和位置，实现角焊、平焊、船形焊。同时变位机工装连接板可进行快速更换，实现各种零部件的快速装卸。

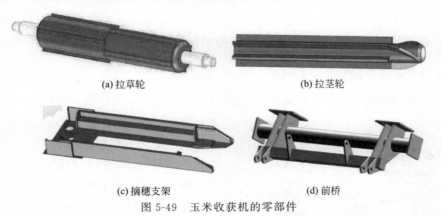

(a) 拉草轮　　　　　　　　　　(b) 拉茎轮

(c) 摘穗支架　　　　　　　　　(d) 前桥

图 5-49　玉米收获机的零部件

（2）焊接效果

图 5-51 为焊接机器人工作站焊接的收获机割台部件及焊缝形貌比较。从图中可以看出，机器人焊接的焊缝明显比手工焊接美观。

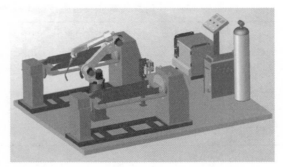

图 5-50　玉米收获机焊接机器人工作站

(a) 机器人工作站焊接的收获机割台部件

(b) 焊缝放大图(机器人焊接)　　　　　　　　(c) 焊缝放大图(手工焊接)

图 5-51　焊接机器人工作站焊接的收获机割台部件及焊缝形貌比较

5.4.5　建筑钢结构行业——牛腿部件焊接机器人工作站

（1）牛腿部件焊接机器人工作站

钢结构建筑相比于砖混结构建筑，在环保、节能、高效、工厂化生产等方面具有明显的优势。深圳的地王大厦，上海的金茂大厦，北京的京广中心、鸟巢、央视新大楼、水立方，珠海的虎跳门大桥等大型建筑都采用了钢结构。图 5-52 为钢结构的虎跳门大桥。

建筑钢结构中牛腿部件的作用是衔接悬臂梁与挂梁，并传递来自挂梁的荷载。牛腿部件如图 5-53 所示，其焊接质量直接关系到整个建筑的安全稳定性能。

牛腿最大重量达 1000kg，工件长度为 300～

图 5-52　虎跳门大桥

1500mm，H 形截面尺寸范围为 $250mm \times 150mm \times 10mm \times 10mm \sim 1250mm \times 600mm \times 50mm \times 50mm$（高度×宽度×腹板厚度×翼缘厚度）。焊缝形式均为角焊缝，坡口形式有 I 形（板厚小于 10mm 时）、单边 V 形（板厚为 10～30mm 时）和 K 形坡口（板厚为 30～50mm 时）三种。焊前组对后通过定位焊缝进行定位，要求定位焊缝焊脚高度＜3mm；组对间隙要均匀，而且间隙尺寸＜2mm。所有焊缝均要求全熔透，且符合 I 级探伤标准。

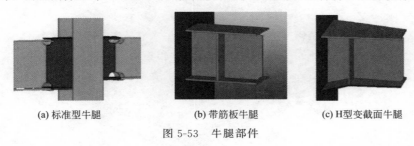

(a) 标准型牛腿　　　　(b) 带筋板牛腿　　　　(c) H型变截面牛腿

图 5-53　牛腿部件

牛腿部件焊接机器人工作站主要由焊接机器人本体、焊接电源、L 型变位机、控制柜、工装夹具及其他外围设备组成。图 5-54 为单机器人双工位的牛腿部件焊接机器人工作站系统布置图。完成组装及定位焊后，利用行车将牛腿工件吊运到机器人工作站，并通过夹具固定在变位机上；利用变位机转动工件，将焊缝转到船形焊位置后，焊接机器人自动寻位至始焊位置进行焊接；焊完一段焊缝后，变位机再转动工件，将下一段焊缝变位到船形焊位置进行焊接。重复上述过程，最终实现牛腿部件所有焊缝的焊接。

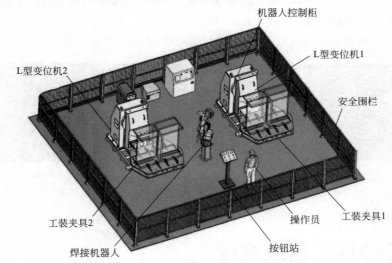

图 5-54　牛腿部件焊接机器人工作站

（2）焊接工装

牛腿部件焊接机器人工作站采用了两台 L 型双轴变位机，以实现双工位焊接。焊接工装的工作台设计为上、下双层结构，如图 5-55 所示。上层安装气动式压紧机构及定位块；下层安装驱动电动机、丝杠传动机构和导轨等，用于驱动安装在上层的对中式定位块。

工作台通常安装在水平位置。工件通过行车安放在工作台中间后，利用 X 方向及 Y 方向上的电动对中式定位块进行对中定位，通过 Y 方向上的气动压紧机构压紧固定。启动机器人后，变位机变位，将焊缝转到船形焊位置进行焊接。焊接完毕后，变位机回转至初始位

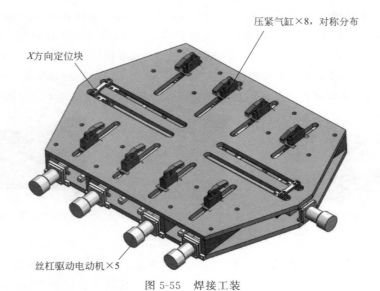

图 5-55　焊接工装

置，气动压紧机构自动松开，定位机构自动回到初始位置。之后，可用行车将焊接完的工件移至成品区。

为保证焊接质量和焊接效率，牛腿焊接机器人工作站通常配置了完善的自保护功能和弧焊数据库。主要包含以下功能：原始路径再继续、故障自诊断、焊缝寻位、多层多道焊、电弧焊缝自动跟踪、专家数据库、摆动、清枪剪丝等。

图 5-56 为牛腿焊接机器人工作站焊接的几种规格牛腿及焊缝形貌。

(a) 角焊缝(10mm)　　　　　　　　　　　　　(b) 角焊缝(20mm)

图 5-56　牛腿焊接机器人工作站焊接的牛腿及焊缝形貌

5.5　特种焊机器人系统

（1）激光焊机器人系统结构

激光焊机器人系统由机器人本体、控制器、焊接系统和变位机等部分组成，如图 5-57 所示。焊接系统由激光器和激光焊头或扫描式激光焊头构成。要求机器人本体具有较高的定位精度和重复定位精度，重复定位精度为 ±0.05mm，负荷能力不小于 30～100kg。激光焊接机器人系统通常配有 CCD 摄像头，用来观察焊接过程，并检测焊缝的实际位置，实现焊缝自动对中，以弥补工件加工误差和装配误差。典型的变位机由旋转-翻转轴构成。这两个轴与机器人联动，构成了机器人的第七和第八个轴，用来将复杂的工件变位到最容易焊接的位置，并增大焊接区域的可达性。由于激光焊焊接速度快，焊接生产率主要取决于工件的上装和下卸效率，因此为了提高焊接效率，激光焊机器人系统通常配置两套或多套工作台，在一个工作台上进行焊接时，在其他工作台上进行装配或卸载。激光焊机器人系统通常配有CAD/CAM离线编程软件，将编辑的工件三维数模文件导入机器人控制系统后自动生成焊接程序，省去了示教过程，可显著节省时间、提高生产效率；系统通常配有激光安全防护舱，该安全防护舱由激光安全防护玻璃及自动门组成。

激光焊机器人常用的大功率激光器有两类：一类是固体激光器；另一类是气体激光器。固体激光器一般采用Nd：YAG激光器，其波长为1.06mm，可利用光纤进行传输。这样既简化了光路系统，又可进行远距离传输，有利于实现远程焊接。目前，这种激光器的功率已可达到15kW。气体激光器是利用CO_2气体作为工作介质，其波长为10.6mm，优点是安全性较好、功率大，目前最大功率已达25kW。激光焊机器人目前已经广泛用于汽车车身拼焊和船舶壳体拼焊。

图 5-57　激光焊机器人

图 5-58　搅拌摩擦焊机器人

（2）搅拌摩擦焊机器人系统结构

搅拌摩擦焊机器人是将重载工业机器人与搅拌摩擦焊主轴系统集成起来的一种先进自动化设备，由机器人本体、控制器和摩擦焊主轴系统等组成，如图5-58所示（图中未示出机器人控制器）。由于在焊接过程中需要搅拌头向工件施加较大的力和力矩，这使得机器人各个轴承受的力和力矩较大，因此搅拌摩擦焊要求机器人本体具备很大的负载能力（一般应大于500kg），而且能够在大负荷下保持很高的稳定性、重复定位精度和位姿精度。为了实现可靠的控制，搅拌摩擦焊机器人的焊头需要配置复杂的传感系统，例如压力传感器、温度传感器、焊缝跟踪传感器等；为了提高可达性，焊头应做得尽量小。

搅拌摩擦焊机器人具有如下优点。

① 显著提升了搅拌摩擦焊作业的柔性。

② 可实现复杂的轨迹运动，适用于结构复杂的产品的焊接。

③ 工作空间和自由度易于通过匹配外部轴来扩展。

④ 易于实现多模式过程控制，如压力控制、转矩控制等，进而提高焊接接头质量。

⑤ 绿色、节能、高效、焊接生产成本低。据统计，搅拌摩擦焊机器人的单件焊接成本比氩弧焊机器人低20%。

习题

1. 简述焊接机器人系统的基本组成。
2. 焊接机器人系统分为几种？简述各自的应用范围及特点。
3. 弧焊机器人用本体和电阻点焊机器人用本体有何区别？
4. 机器人用点焊钳有几种？各有何特点？
5. 点焊机器人控制系统有几种结构形式？简述各自的特点及用途。
6. 简述弧焊机器人系统的结构组成。
7. 弧焊机器人对弧焊电源的性能有何要求？为什么？
8. 弧焊机器人焊枪的安装方式有几种？各有何特点？
9. 弧焊机器人系统为什么要安装清枪站？典型的清枪站使用的是哪种清理方式？
10. 常用的焊接机器人变位机有几种？简述其特点及应用范围。
11. 机器人常用的焊接工装夹具有几种？简述其特点及应用范围。
12. 除了点焊和弧焊外，还有哪些焊接方法可以运用机器人？

第 6 章

机器人焊接工艺

机器人常用的焊接工艺有电阻点焊、熔化极气体保护焊（GMAW）、钨极惰性气体保护焊（TIG）、激光焊和搅拌摩擦焊。

6.1 电阻点焊工艺

6.1.1 电阻点焊原理及特点

（1）电阻点焊原理

电阻焊是在一定压力作用下，利用焊接电流流过工件被焊部位所产生的电阻热加热工件进行焊接的一种方法。电阻焊有电阻点焊、电阻缝焊、电阻凸焊、电阻对焊和闪光对焊等几种，如图 6-1 所示。电阻焊机器人一般采用电阻点焊工艺，点焊机器人广泛用于汽车、摩托车、农业机械制造等行业。本节主要介绍电阻点焊工艺。

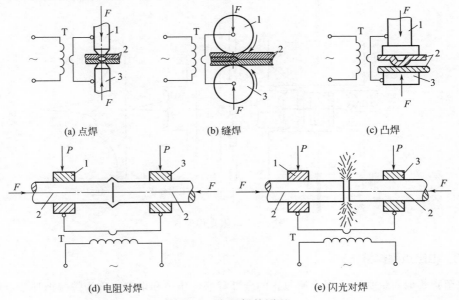

(a) 点焊 (b) 缝焊 (c) 凸焊

(d) 电阻对焊 (e) 闪光对焊

图 6-1 电阻焊的原理

1,3—电极；2—工件；F—电极压力（顶锻力）；P—夹紧力；T—电源（变压器）

电阻点焊利用两个柱状水冷铜电极向工件施加压力并导通电流，其原理如图 6-2 所示。点焊时，通常需要在通电加热前向工件施加一预压力。施加预压力的目的是使两工件之待焊部位的表面通过塑性变形而可靠接触。塑性变形区周边是一塑性环。在塑性环之外，工件表面脱离接触，这样，两工件之间的电流导通路径被限制在塑性环内部。而且，塑性环还起着阻止空气侵入、保护熔核中液态金属不被氧化的作用。焊接电流流过焊件时产生的热量由下式确定。

$$Q = I^2 Rt \tag{6-1}$$

式中　Q——产生的电阻热，J；

　　　I——焊接电流，A；

　　　R——两电极之间的电阻，Ω；

　　　t——通电时间，s。

两电极之间的电阻 R 由两焊件本身的电阻 R_w、它们之间的接触电阻 R_c 和电极与焊件之间的接触电阻 R_{cw} 组成，如图 6-2 所示，即

$$R = 2R_w + R_c + 2R_{cw} \tag{6-2}$$

上述各个电阻中，工件之间的接触电阻 R_c 最大（图 6-2），因此塑性环内析出的热量最大、最集中，该部位的金属被迅速加热到超过母材熔点 T_m 形成熔核。熔核中液态金属在电磁力的强烈搅拌作用下，温度和成分迅速均匀化。一般情况下，熔核温度比金属熔点 T_m 高约 $300 \sim 500K$。由于电极散热作用，熔核沿工件表面方向的成长速度慢于垂直于表面方向，故呈椭球状。由于电极的水冷散热作用，尽管工件与电极的接触表面上电阻也很大、析热也较多，但其温度通常不超过 $(0.4 \sim 0.6) T_m$。由此可看出，电阻热中仅有一少部分用来形成焊缝（焊点），而大部分散失于水冷电极及熔核周围的母材金属中，热量利用率大概为 $20\% \sim 30\%$。

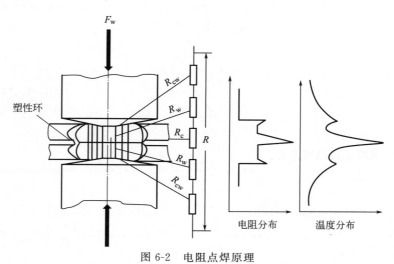

图 6-2　电阻点焊原理

（2）电阻点焊焊接循环

电阻点焊时，完成一个焊点所包含的全部程序（压力和电流）称为焊接循环。点焊的焊接循环由"预压""通电加热""维持"和"休止"四个基本阶段组成，如图 6-3 所示。

1）预压时间 t_1

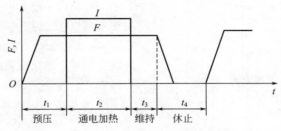

图 6-3 电阻点焊的焊接循环

I—焊接电流；F—电极压力；t—时间

从电极开始下降到焊接电流开始接通的时间。这一时间是为了确保在通电之前电极压紧工件，使工件间有适当的压力，形成塑性环并建立良好的接触，将焊接电流流通路径限制在塑性环内，以保持接触电阻和导电通路稳定。

2）通电加热时间 t_2

焊接电流通过焊件并产生熔核的时间。

3）维持时间 t_3

焊接电流切断后，电极压力继续保持的时间。在此时间内，熔核冷却并凝固。继续施加压力是为了防止凝固收缩、缩孔和裂纹等缺陷，以获得致密的焊点组织。

4）休止时间 t_4

从电极开始提起到电极再次下降之间的时间，在该时间内应准备下一个待焊点。此时间只适用于焊接循环重复进行的场合，是电极退回、转位、卸下工件或重新放置焊件所需的时间。

（3）电阻点焊特点

电阻点焊具有如下优点。

① 熔化金属与空气隔绝，冶金过程简单。

② 焊接质量高。热影响区小，变形与应力也小，焊后无需矫形和热处理。

③ 不需要填充金属，不需要保护气体，焊接成本低。

④ 操作简单，易于实现机械化和自动化。

⑤ 生产效率高，可以和其他制造工序一起编到组装线上。

电阻点焊具有如下缺点。

① 缺乏可靠的无损检测方法。

② 点焊一般采用搭接接头，这增加了构件的重量，抗拉强度和疲劳强度均较低。

③ 设备功率大，成本较高，维修较困难。

6.1.2 熔核尺寸参数及其对焊点质量的影响

点焊接头的强度取决于熔核的几何尺寸及其内外质量。熔核的几何尺寸如图 6-4 所示。一般要求熔核直径随板厚增大而增大，通常应满足下式：

$$d_n = 5\sqrt{\delta}$$

式中　d_n——熔核直径，mm；

　　　δ——焊件最薄板厚，mm。

$$h_n = (0.2 \sim 0.8)(\delta - \Delta)$$

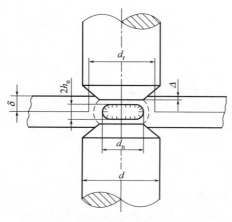

图 6-4　熔核的几何尺寸

δ—焊件最薄厚度；d—电极直径；d_n—熔核直径；

d_r—塑性环外径；h_n—熔核高度；Δ—压痕深度

式中　h_n——熔核高度，mm；

Δ——焊件表面压痕深度，一般 $\Delta=(0.1\sim0.15)\delta$，mm。

熔核在单板上的熔化高度 h_n 与板厚 δ 的百分比称焊透率 A，即

$$A=\frac{单板上的熔核高度\,h_n}{板厚\,\delta}\times100\%$$

通常规定 A 在 $20\%\sim80\%$ 范围内。试验表明，熔核直径符合要求时，取 $A\geqslant20\%$ 便可保证熔核的强度。A 过大，熔核接近焊件表面，使表面金属过热，晶粒粗大，易出现飞溅或缩孔、裂纹等缺陷，接头承载能力下降。一般不许 $A>80\%$。

电极在焊件表面上留下的压痕深度是熔核获得锻压的标志，但不能过深，否则影响焊件表面美观和光滑，减小该处断面尺寸，造成过大的应力集中，使熔核承载能力下降。电极压力越大，焊接时间越长，或焊接电流越大，压痕就越深。为了减少压痕深度，可采用较硬的规范及较大的电极端面尺寸。

6.1.3　电阻点焊工艺参数

点焊的焊接参数主要有焊接电流 I_w、焊接时间 t_w、电极压力 F_w 和电极工作面直径 d_e 等。

（1）焊接电流

焊接电流增大，熔核的尺寸或焊透率增大。焊接区的电流密度应有一个合理的上限和下限。低于下限时，热量过小，不能形成熔核；高于上限时，加热速度过快，会发生飞溅，焊点质量下降。随着电极压力的增大，产生飞溅的焊接电流上限值也增大。在生产中，当电极压力给定时，通过调整焊接电流，使其稍低于飞溅电流值，便可获得最大的点焊强度。

（2）焊接时间

焊接时间对熔核尺寸的影响与焊接电流对熔核尺寸的影响基本相似，焊接时间增加，熔核尺寸随之扩大，但焊接时间过长易引起焊接区过热、飞溅和搭边压溃等缺陷。

图 6-5 示出了几种材料点焊要求的焊件厚度与焊接电流、焊接时间的关系。

（3）电极压力

电极压力影响电阻热的大小与分布、电极散热量、焊接区塑性变形及焊点的致密程度。当其他参数不变时，增大电极压力，则接触电阻减小，电阻热减小，而散热加强，因此，熔核尺寸减小，焊透率显著下降，甚至出现未焊透现象；若电极压力过小，则板间接触不良，其接触电阻虽大但不稳定，甚至出现飞溅和烧穿等缺陷。

由于电极压力对焊接区金属塑性环的形成、焊接缺陷的防止及焊点组织的改善均有显著的影响，因此若焊机容量足够大，可采用大电极压力、大焊接电流工艺来提高焊接质量的稳定性。

对某些常温或高温强度较高、线胀系数较大、裂纹倾向较大的金属材料或刚性大的结构件，为了避免产生焊前飞溅和熔核内部收缩性缺陷，需要采用阶梯形或马鞍形的电极压力，如图 6-6（b）、（c）所示。

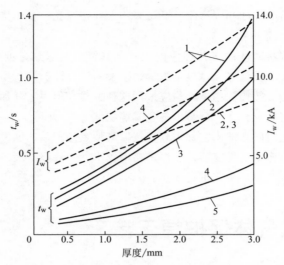

图 6-5　焊件厚度与焊接电流、焊接时间的关系

1—低、中合金钢；2—特殊高温合金；3—高温合金；4—不锈钢；5—铜合金

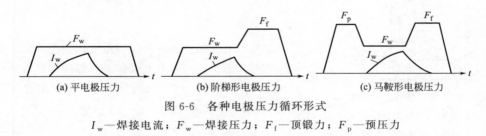

图 6-6　各种电极压力循环形式

I_w—焊接电流；F_w—焊接压力；F_f—顶锻力；F_p—预压力

（4）电极工作面的形状和尺寸

电极端面和电极本体的结构形状、尺寸及其冷却条件影响着熔核几何尺寸和焊点强度。对于常用的圆锥形电极，其电极头的圆锥角越大，则散热越好。但圆锥角过大，其端面不断受热磨损后，电极工作面直径迅速增大；若圆锥角过小，则散热条件差，电极表面温度高，更易变形磨损。为了提高点焊质量的稳定性，要求焊接过程中电极工作面直径 d_e 的变化尽可能小。因此，圆锥角一般在 $90°\sim140°$ 范围内选取。对于球面形电极，因头部体积大，其与焊件的接触面扩大，电流密度降低且散热能力加强，结果是焊透率降低，熔核直径减小。但焊件表面的压痕浅，且为圆滑地过渡，不会引起大的应力集中；而且焊接区的电流密度与电极压力分布均匀，熔核质量易保持稳定。此外，上、下电极安装时对中要求低，偏斜量对熔核质量影响小。显然，焊接热导率低的金属，如不锈钢焊接，宜使用电极工作面较大的球面或弧面形电极。

（5）各焊接参数间的相互关系

实际上，上述各焊接参数对焊接质量的影响是相互制约的。焊接电流 I_w、焊接时间 t_w、电极压力 F_w、电极工作面直径 d_e 都会影响焊接区的发热量，其中 F_w 和 d_e 直接影响散热，而 t_w 和 F_w 与熔核塑性区的大小有密切关系。增大 I_w 和 t_w，降低 F_w，电阻热将显著增大，可以增大熔核尺寸，这时若散热不良（如 d_e 小）就可能发生飞溅、过热等现象；反之，则熔核尺寸减小，甚至出现未焊透现象。

若要保证一定的熔核尺寸和焊透率，既可采用大焊接电流、短焊接时间工艺，也可采用小焊接电流、长焊接时间工艺。

大焊接电流、短焊接时间的工艺称为硬规范，其特点是加热速度快、焊接区温度分布陡、加热区窄、接头表面质量好、过热组织少、接头的综合性能好、生产率高。因此，只要焊机功率允许，各焊接参数控制精确，均应采用这种方式。但由于其加热速度快，要求加大电极压力和散热条件与之配合，否则易出现飞溅等缺陷。

焊接电流小而焊接时间长的工艺称为软规范，其特点是加热速度慢、焊接区温度分布平缓、塑性区宽，在压力作用下易变形。点焊机功率较小、工件厚度大、变形困难或工件易淬火等情况下常采用软规范焊接工艺进行焊接。

6.2 熔化极气体保护焊工艺

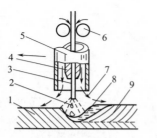

图 6-7 熔化极气体保护电弧焊示意图
1—母材；2—电弧；3—焊丝；
4—导电嘴；5—喷嘴；6—送丝轮；
7—保护气体；8—熔池；9—焊缝金属

6.2.1 熔化极气体保护焊基本原理及特点

（1）基本原理

熔化极气体保护焊是一种利用气体进行保护，利用燃烧在焊丝与工件之间的电弧作为热源的焊接方法，其原理如图 6-7 所示。焊丝既可作为电极，又可作为填充金属，有实心和药芯两类。

（2）分类

按所用的保护气体和焊丝种类，熔化极气体保护焊分类如下。

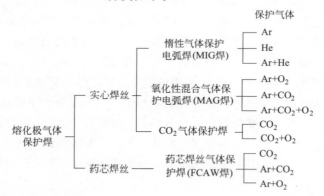

（3）熔化极气体保护焊的特点

熔化极气体保护焊具有如下工艺特点。

① 适用范围广。熔化极气体保护焊几乎可焊接所有的金属，MIG 焊特别适合铝及铝合金、钛及钛合金、铜及铜合金等有色金属以及不锈钢的焊接，MAG 焊和 CO_2 气体保护焊适合黑色金属的焊接，既可焊接薄板，又可焊接中等厚度和大厚度的板材，而且适用于任何位置的焊接。

② 生产率较高、焊接变形小。由于熔化极气体保护焊使用焊丝作为电极，允许使用的电流密度较高，因此熔深能力大、熔敷速度快，用于焊接厚度较大的铝、铜等金属及其合金时生产率比 TIG 焊高，焊件变形比 TIG 焊小。

③ 焊接过程易于实现自动化。熔化极气体保护焊的电弧是明弧，焊接过程参数稳定，易于检测及控制，因此容易实现自动化和机器人化。

④ 对氧化膜不敏感。熔化极气体保护焊一般采用直流反接，焊接铝及铝合金时具有很强的阴极雾化作用，因此焊前对去除氧化膜的要求很低。CO_2 气体保护焊对油污和铁锈也不敏感。

熔化极气体保护焊具有如下缺点。

① MIG 焊焊接铝及其合金时易于产生气孔。

② 焊缝质量不如 TIG 焊。

（4）熔化极气体保护焊的应用

① 适焊的材料　可利用 MIG 焊焊接铝、铜、钛及其合金，不锈钢，耐热钢等。MAG 焊和 CO_2 气体保护焊主要用于焊接碳钢、低合金高强度钢；MAG 焊用来焊接较为重要的金属结构，CO_2 气体保护焊用于普通的金属结构。

② 焊接位置　熔化极气体保护焊适应性较好，可以进行全位置焊接。其中平焊位置和横焊位置的焊接效率最高，其他焊接位置的焊接效率也要比焊条电弧焊高。

③ 可焊厚度　表 6-1 为熔化极气体保护焊适用的厚度范围。原则上开坡口多层焊的厚度是无限的，仅受经济因素限制。

表 6-1　熔化极气体保护焊适用的厚度范围

焊件厚度/mm	0.13	0.4	1.6	3.2	4.8	6.4	10	12.7	19	25	51	102	203
单层无坡口细焊丝		⟷											
单层带坡口			⟷										
多层带坡口 CO_2 气体保护焊				⟷					- - - - - - - - - - -				

6.2.2　熔化极气体保护焊的熔滴过渡

熔化极气体保护焊熔滴过渡的常见形式有短路过渡、细颗粒过渡、喷射过渡、大滴过渡。大滴过渡一般出现在电弧电压较高、焊接电流较小的条件下，这种过渡非常不稳定，而且易导致熔合不良、未焊透、余高过大等缺陷，因此在实际焊接中无法使用。

（1）短路过渡

焊接电流和电弧电压均较小时，由于弧长较短，熔滴尚未长大到能够过渡的尺寸就把焊丝和熔池短接起来，形成液态金属短路小桥，短路电流迅速增大。短路小桥在不断增大的电磁收缩力作用下缩颈，缩颈处局部电阻和电流密度急剧增大，进而导致此处的电阻热急剧增大。急剧增大的电阻热导致液态金属快速蒸发，当蒸发速度达到一定值时导致爆破，将熔滴过渡到熔池中，如图 6-8 所示。这种过渡称为短路过渡。其特点是熔池体积小、凝固速度快，因此适合薄板焊接及全位置焊接。短路过渡是细丝（焊丝直径一般不大于 1.6mm）CO_2 气体保护焊常用的过渡方法，MAG 焊和 MIG 焊较少使用。小电流 MIG/MAG 焊通常采用脉冲喷射过渡方法。

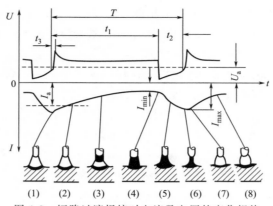

图 6-8　短路过渡焊接时电流及电压的变化规律

T—短路过渡周期；t_2—短路时间；t_1—燃弧时间；t_3—空载电压恢复时间；U_a—电弧电压；
I_{min}—最小电流；I_{max}—最大电流；I_a—平均电流

（2）细颗粒过渡

采用粗丝（焊丝直径一般不小于1.6mm）、大电流、高电压进行 CO_2 气体保护焊接时，熔滴过渡为细颗粒过渡。这种过渡方法的特点是熔池较深，电弧大半或全部潜入工件表面之下（取决于电流大小），熔滴以较小的尺寸、较大的速度沿轴向过渡到熔池中，如图6-9所示。

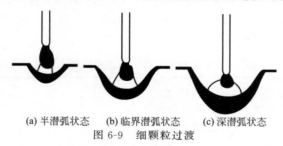

(a) 半潜弧状态　　(b) 临界潜弧状态　　(c) 深潜弧状态

图 6-9　细颗粒过渡

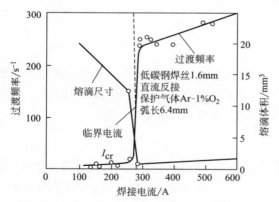

图 6-10　熔滴的体积和过渡频率与焊接电流的关系

（3）喷射过渡

喷射过渡是普通 MIG/MAG 焊的常用过渡形式。当焊丝直径一定时，存在着一个由滴状过渡向喷射过渡转变的临界电流 I_{cr}，如图6-10所示。当焊接电流大于 I_{cr} 时为射流过渡，熔滴过渡频率急剧增大、熔滴尺寸急剧减小，电弧变得非常稳定。对于铝及铝合金来说，当焊接电流大于临界电流时，喷射过渡是一滴一滴地进行的，这种过渡称为射滴过渡。对于钢来说，当焊接电流大于临界电流时，喷射过渡是束流状进行的，这种过渡称为射流过渡。由于只有在大电流下才能实现喷射过渡，因此普通 MIG/MAG 焊只能用于厚板的平焊或斜角焊。

（4）脉冲喷射过渡

脉冲喷射过渡仅产生在脉冲 MIG/MAG 焊中。只要脉冲电流大于临界电流，就可产生喷射过渡。因此，脉冲 MIG/MAG 焊可在高至几百安培、低至几十安培的范围内获得稳定的喷射过渡，既可焊厚板，又可焊薄板。

脉冲喷射过渡有三种过渡形式：一个脉冲过渡一滴（简称一脉一滴）、一个脉冲过渡多滴（简称一脉多滴）及多个脉冲过渡一滴（多脉一滴）。过渡形式主要决定于脉冲电流及脉冲持续时间，如图 6-11 所示。三种过渡方式中，一脉一滴的工艺性能最好，多脉一滴的工艺性能最差。

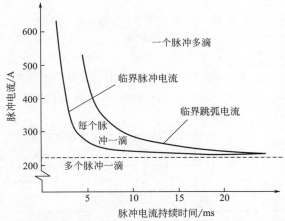

图 6-11　脉冲喷射过渡方式与脉冲电流及脉冲持续时间之间的关系

6.2.3　熔化极气体保护焊工艺参数

熔化极气体保护焊需要选择的工艺参数主要有保护气体的种类、焊丝直径、焊接电流、电弧电压、焊接速度、保护气体流量以及喷嘴高度等。

（1）保护气体

根据母材类型选择保护气体，一般采用混合气体。焊接铝及铝合金时，一般选用 Ar 或 Ar＋He；而焊接低碳钢、低合金钢时，选用 CO_2、Ar＋O_2、Ar＋CO_2 或 Ar＋CO_2＋O_2，焊接不锈钢时则采用 Ar＋O_2 或 Ar＋CO_2。

（2）焊丝直径

焊丝直径是根据工件的厚度、施焊位置来选择的，薄板焊接及空间位置的焊接通常采用细丝（直径≤1.6mm），平焊位置的中等厚度板及大厚度板焊接通常采用粗丝。表 6-2 给出了直径 0.8～2.0mm 焊丝的适用范围。在平焊位置焊接大厚度板时，最好采用直径为 3.2～5.6mm 的焊丝；利用该范围内的焊丝时，焊接电流可用到 500～1000A。这种粗丝大电流焊的优点是：熔透能力大、焊道层数少、焊接生产率高、焊接变形小。

表 6-2　焊丝直径的选择

焊丝直径/mm	工件厚度/mm	施焊位置	熔滴过渡形式
0.8	1～3	全位置	短路过渡
1.0	1～6	全位置、单面焊双面成形	短路过渡
1.2	2～12		
	中等厚度、大厚度	打底	
1.6	6～25	平焊、横焊或立焊	射流过渡
	中等厚度、大厚度		
2.0	中等厚度、大厚度		

（3）焊接电流

焊接电流是最重要的焊接工艺参数。实际焊接过程中，应根据工件厚度、焊丝直径、熔滴过渡方式、焊接位置来选择焊接电流。利用等速送丝式焊机焊接时，焊接电流是通过送丝速度来调节的。注意对于一定直径的焊丝，有一定的允许电流使用范围。低于该范围或超出该范围，电弧均不稳定。表 6-3 给出了采用不同直径的焊丝进行低碳钢 MAG 焊时可用的典型焊接电流范围。

对于熔化极脉冲氩弧焊，电流参数有基值电流 I_b、脉冲电流 I_p、脉冲持续时间 t_p、脉冲间歇时间 t_b、脉冲周期 $T(=t_p+t_b)$、脉冲频率 $f(=1/T)$、脉冲幅比 $F(=I_p/I_b)$、脉冲宽比 $K[=t_p/(t_b+t_p)]$。目前，几乎所有的机器人用脉冲 MIG/MAG 焊电源均为可实现一脉一滴过渡的一元化调节电源，焊接时只需在电源上设定平均焊接电流（或直接设定板厚）即可，其他参数电源会自动匹配。这样，其焊接参数的调节就与普通 MIG/MAG 焊没有任何区别了。

表 6-3　低碳钢 MAG 焊的典型焊接电流范围

焊丝直径/mm	焊接电流/A	熔滴过渡方式	焊丝直径/mm	焊接电流/A	熔滴过渡方式
1.0	40～150	短路过渡	1.6	270～500	射流过渡
1.2	80～180		1.2	80～220	脉冲喷射过渡
1.2	220～350	射流过渡	1.6	100～270	

（4）电弧电压

电弧电压主要影响熔宽，对熔深的影响较小。电弧电压应根据电流的大小、保护气体的成分、被焊材料的种类、熔滴过渡方式等进行选择。表 6-4 列出了不同保护气氛下的电弧电压。

表 6-4　利用不同保护气体焊接时的电弧电压　　　　　　　　单位：V

金　属	喷射或细颗粒过渡					短路过渡			
	Ar	He	Ar+75%He	Ar+(1%～5%)O$_2$ 或 Ar+20%CO$_2$	CO$_2$	Ar	Ar+(1%～5%)O$_2$	Ar+25%O$_2$	CO$_2$
铝	25	30	29	—	—	19	—	—	—
镁	26	—	28	—	—	16	—	—	—
碳钢	—	—	—	28	30	17	18	19	20
低合金钢	—	—	—	28	30	17	18	19	20
不锈钢	24	—	—	26	—	18	19	21	—
镍	26	30	28	—	—	22	—	—	—
镍-铜合金	26	30	28	—	—	22	—	—	—
镍-铬-铁合金	26	30	28	—	—	22	—	—	—
铜	30	36	33	—	—	24	22	—	—
铜-镍合金	28	32	30	—	—	23	—	—	—
硅青铜	28	32	—	28	—	23	—	—	—
铝青铜	28	32	30	—	—	23	—	—	—
磷青铜	28	32	30	23	—	23	—	—	—

注：焊丝直径为 1.6mm。

（5）气体流量

保护气体的流量一般根据电流的大小、喷嘴孔径及接头形式来选择。对于一定直径的喷嘴，有一最佳的流量范围。流量过大，易产生紊流，流量过小，气流的挺度差，其保护效果均不好。常用的喷嘴孔径为 20mm，保护气体流量为 10～20L/min。气体流量的最佳范围通常需要利用实验来确定。

（6）喷嘴至工件的距离

喷嘴高度应根据电流的大小选择，如表 6-5 所示。该距离过大时，保护效果变差，而且干伸长度增大，焊接电流减小，易导致未焊透、未熔合等缺陷；过小时，飞溅颗粒易堵塞喷嘴。

表 6-5　喷嘴高度推荐值

电流大小/A	<200	200～250	350～500
喷嘴高度/mm	10～15	15～20	20～25

6.2.4　高效熔化极气体保护焊工艺

近年来，熔化极气体保护焊在高效化和抑制飞溅方面取得了较大发展。下面简要介绍此方面的一些新工艺。

6.2.4.1　冷金属过渡熔化极气体保护焊

（1）冷金属过渡熔化极气体保护焊的基本原理

冷金属过渡（CMT）熔化极气体保护焊是一种无飞溅的短路过渡熔化极气体保护焊。它是一种基于先进的数字电源和送丝机的"冷态"焊接新技术，通过监控电弧状态，协同控制焊接电流波形及焊丝抽送，在很低的电流下通过回抽焊丝实现了稳定的短路过渡，完全避免了飞溅。

图 6-12 示出了 CMT 熔化极气体保护焊过程中的焊接电流波形与焊丝运动速度波形。熔滴与熔池一短路，焊接回路中的电流立即被切换为一很小的数值（20A 左右），短路小桥迅速变为冷态；同时焊丝运动状态由送进变为回抽。经过一定时间的焊丝回抽，短路小桥被拉断，熔滴在冷态下过渡到熔池中并重新引燃电弧。电弧一引燃，焊接电流迅速增大到脉冲电流，熔化焊丝形成熔滴；同时，焊丝运动状态由回抽变为送进。熔滴长大到一定尺寸后，焊接电流变为基值电流，以防熔滴尺寸过大。随着焊丝的送进，熔滴又将焊丝与熔池短路，进入下一个 CMT 周期。由于短路阶段的焊接电流很小（20A 左右），短路小桥不会发送爆破，熔滴过渡是利用焊丝回抽时的机械拉力实现的，因此，这种过渡完全避免了飞溅。焊接过程是一个高频率的"热-冷"交替过程，显著降低了热输入。这种焊接方法主要采用机器人操作方式，较少采用半自动操作方式。

（2）冷金属过渡熔化极气体保护焊的特点及应用

1）优点

CMT 熔化极气体保护焊具有如下优点。

① 电弧噪声小，熔滴尺寸和过渡周期都很均匀，真正实现了无飞溅的短路过渡焊接和钎焊（参看二维码-视频）。

② 弧长控制精确，通过机械式监控和调整来调节电弧长度，电弧长度基本不受工件表面不平度和焊接速度的影响。这使得 CMT 熔化极气体保护焊的电弧更加稳定，即使在很高的焊接速度下也不会出现断弧（二维码-视频）。

③ 引弧速度是传统熔化极气体保护焊的两倍（CMT 熔化极气体保护焊为 30ms，MIG

焊为 60ms），在非常短的时间内即可熔化母材（参看二维码-视频）。

④ 焊缝质量高、可重复性强。结合 CMT 技术和脉冲控制技术可有效调节热输入并改善焊缝成形质量，如图 6-13 所示。

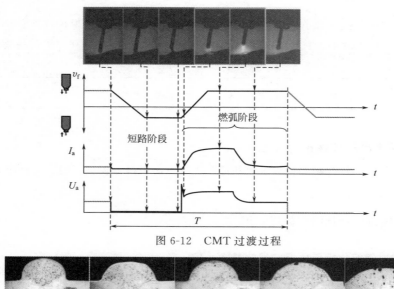

图 6-12 CMT 过渡过程

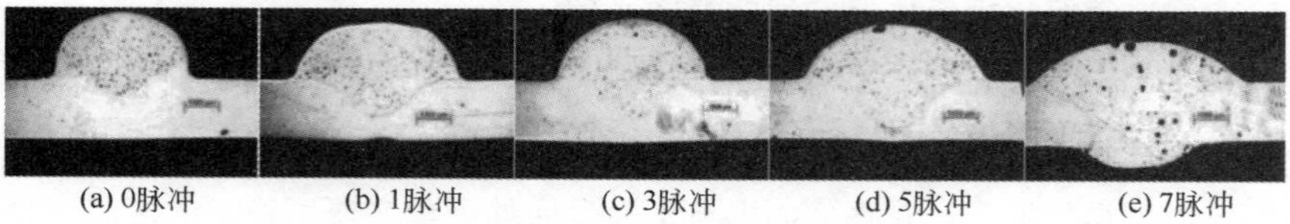

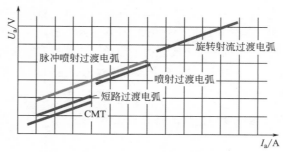

(a) 0脉冲   (b) 1脉冲   (c) 3脉冲   (d) 5脉冲   (e) 7脉冲

图 6-13 脉冲对焊缝成形的影响

⑤ 热输入低、焊接热影响区和焊接变形小。图 6-14 比较了不同熔滴过渡形式的熔化极气体保护焊焊接参数使用范围。可看到，CMT 熔化极气体保护焊采用的焊接电流和电弧电压最小，热输入最低。低的热输入显著减小了焊接热影响及焊接残余变形。

⑥ 间隙搭桥能力更高。由于热输入降低，电弧冲击力减小，CMT 熔化极气体保护焊的搭桥能力显著高于普通的 MIG 焊，如图 6-15 所示。

图 6-14 CMT 与普通熔化极电弧焊的焊接参数使用范围比较

2）应用

① CMT 熔化极气体保护焊适用的材料有：

a. 铝、钢和不锈钢薄板或超薄板（0.3～3mm）的焊接，无需担心塌陷和烧穿。

b. 可用于电镀锌板或热镀锌板的无飞溅 CMT 钎焊。

c. 可用于镀锌钢板与铝板之间的异种金属连接，接头和外观合格率达到 100%。

② CMT 熔化极气体保护焊适用的接头形式有搭接、对接、角接和卷边对接。

 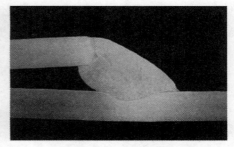

(a) CMT熔化极气体保护焊，板厚1.0mm，间隙1.3mm　　(b) MIG焊，板厚1.2mm，间隙1.2mm

图 6-15　CMT 熔化极气体保护焊和 MIG 焊的间隙搭桥能力比较

③ CMT 熔化极气体保护焊可用于平焊、横焊、仰焊、立焊等各种焊接位置。

（3）CMT 熔化极气体保护焊接机器人系统

CMT 熔化极气体保护焊通常采用机器人操作方式。CMT 熔化极气体保护焊接机器人系统由数字化焊接电源、专用 CMT 送丝机、带拉丝机构的 CMT 焊枪、机器人、机器人控制器、冷却水箱、遥控器、专用连接电缆以及焊丝缓冲器等组成，如图 6-16 所示。

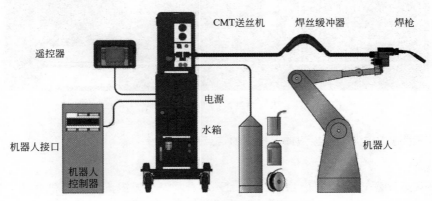

图 6-16　CMT 焊接机器人系统组成

6.2.4.2　表面张力过渡熔化极气体保护焊

（1）表面张力过渡熔化极气体保护焊的基本原理

表面张力过渡（STT）熔化极气体保护焊是一种利用电流波形控制法抑制飞溅的短路过渡熔化极气体保护焊。短路过渡过程中的飞溅主要产生在两个时刻，一个是短路初期，另一个是短路末期的电爆破时刻。短路初期，熔滴与熔池开始接触时，接触面积很小，熔滴表面的电流方向与熔池表面的电流方向相反，因此，两者之间产生相互排斥的电磁力。如果短路电流的增大速度过快，急剧增大的电磁排斥力会将熔滴排出熔池之外，形成飞溅。短路末期，液态金属小桥的缩颈部位发生爆破，爆破力会导致飞溅。飞溅大小与爆破能量有关，爆破能量越大，飞溅越大。由此可看出，将这两个时刻的电流减小可有效抑制飞溅，如图 6-17 所示。

① T_0—T_2 为燃弧段。在该阶段，焊丝在电弧热量作用下熔化，形成熔滴。控制该阶段的电流大小，可防止熔滴直径过大。

② T_1—T_2 为液桥形成段。熔滴刚刚接触熔池后，迅速将电流切换为一个接近零的数

值，则熔滴在重力和表面张力的作用下流散到熔池中，形成稳定的短路，形成液态小桥。

③ T_2—T_3 为颈缩段。小桥形成后，焊接电流按照一定的速度增大，使小桥迅速缩颈。当达到一定缩颈状态后进入下一段。

④ T_3—T_4 为液桥断裂段。当控制装置检测到小桥达到临界缩颈状态时，电流在数微秒时间内降到较低值，防止小桥爆破；然后在重力和表面张力的作用下，小桥被机械拉断，基本上不产生飞溅。

⑤ T_4—T_7 为电弧重燃段和稳定燃烧段。电弧重燃，电流先上升到一个较大值，等离子流力一方面推动脱离焊丝的熔滴进入熔池，并压迫熔池下陷，以获得必要的弧长和燃弧时间，保证熔滴尺寸；另一方面保证必要的熔深和熔合。然后电流下降为稳定值。

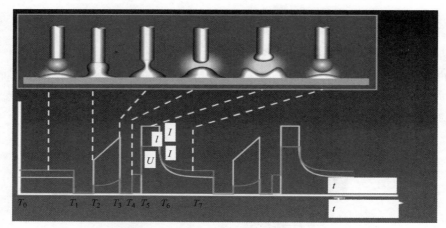

图 6-17　STT 法熔滴过渡的形态和电流、电压的波形

（2）表面张力过渡熔化极气体保护焊的特点及应用

1）优点

① 飞溅率显著下降，最低可控制在 0.2% 左右，焊后无需清理工件和喷嘴，节省了时间，提高了效率。

② 焊缝表面成形美观，焊缝根部容易保证可靠的熔合，因此特别适合各种位置的薄板焊接以及厚板或厚壁管道的打底焊。替代 TIG 焊进行管道的打底焊时，焊接速度更高、成本更低。

③ 在同样的熔深下，其热输入比普通 CO_2 气体保护焊低 20%，因此焊接变形小、热影响区小。

④ 具有良好的搭桥能力，例如焊接 3mm 厚的板材，允许的间隙可达 2mm。

2）缺点

① 只能焊薄板，不能焊厚板。

② 获得稳定焊接过程和质量的焊接参数范围较窄。例如 1.2mm 的焊丝，焊接电流的适用范围仅仅为 100～180A。

3）应用

从可焊接的材料来看，STT 熔化极气体保护焊的适用范围广，不仅可用 CO_2 气体焊接非合金钢，也可利用纯 Ar 焊接不锈钢，除此之外，还可焊接高合金钢、铸钢、耐热钢、镀锌钢等。其广泛用于薄板的焊接以及油气管线的打底焊。

6.2.4.3 T.I.M.E熔化极气体保护焊

（1）基本原理

T.I.M.E（tranferred ionized molten energy）熔化极气体保护焊是利用大干伸长度、高送丝速度和特殊的四元混合气体进行焊接的，可获得极高的熔敷速度和焊接速度。T.I.M.E工艺对焊接设备有很高的要求，需要使用高性能逆变电源、高性能送丝机及双路冷却焊枪。

T.I.M.E熔化极气体保护焊使用的气体为 $0.5\%O_2+8\%CO_2+26.5\%He+65\%Ar$，也可采用如下几种气体。

$30\%He+10\%CO_2+60\%Ar$；

$8\%CO_2+92\%Ar+300\times10^{-6}NO$；

$2\%O_2+25\%CO_2+26.5\%He+46.5\%Ar$。

在四元混合气体中，Ar主要起保护作用，可使电弧稳定。He的热传导率高、电离电压高，提高了电弧温度和功率，从而可提高熔透能力；提高了熔池金属的流动性，可改善焊缝成形质量。CO_2在电弧高温下易分解，可冷却、压缩电弧，提高能量的集中程度和电弧的挺直性。O_2可降低熔滴尺寸，易形成射流过渡，降低熔池表面张力、改善润湿性，防止咬边、驼峰等缺陷。

T.I.M.E熔化极气体保护焊的熔滴过渡方式有三种：焊接电流较小（低送丝速度）时为短路过渡；焊接电流适中时为喷射过渡；焊接电流很大时为旋转射流过渡。传统的GMAW焊，旋转射流过渡时，旋转锥状液态金属不断向四周抛出大量的小颗粒飞溅，使焊接过程不稳定、焊缝成形恶化。而四元混合气体降低了大电流、大干伸长度下旋转射流过渡的旋转速度，稳定了过渡过程，而且过渡到熔池中的熔滴不再集中在熔池中心线上，熔滴对熔池形成的冲击力减小，熔池凹陷深度减小，熔池中液态金属向后排开的速度降低，有利于避免高速大电流焊接时易出现的驼峰缺陷、咬边缺陷。另外，四元保护气体降低了熔池金属的表面张力，提高了熔池金属的流动性，这也有利于避免咬边缺陷。

（2）T.I.M.E熔化极气体保护焊设备

T.I.M.E熔化极气体保护焊机由逆变电源、送丝机、中继送丝机、专用焊枪、带制冷压缩机的冷却水箱和专用混气装置等组成。由于焊接电流和干伸长度均较大，T.I.M.E熔化极气体保护焊工艺对焊枪喷嘴和导电嘴的冷却均有严格要求，需要采用双路冷却系统进行冷却，如图6-18所示。专用混气装置可以准确混合T.I.M.E工艺所需的多元混合气，每分钟可以提供200L的备用气体，可供应至少15台焊机使用。若某种气体用尽，混气装置会自动终止混气并报警。与传统气瓶加配比器相比，这种专业混气装置可省气70%。

图6-18 T.I.M.E熔化极气体保护焊专业焊枪的水冷系统

由于焊接速度快、熔敷速度大，这种焊接方法一般采用自动焊或机器人焊操作方式，极少采用半自动焊方式。

（3）T.I.M.E熔化极气体保护焊的特点及应用

1）优点

① 熔敷速度大。同样的焊丝直径，T.I.M.E熔化极气体保护焊可采用更大的电流，以稳定的旋转射流过渡进行焊接，因此送丝速度高、熔敷速度大。平焊时熔敷速度可达10kg/h，非平焊位置也可达5kg/h。

② 熔透能力大，焊接速度快。

③ 适应性强。T.I.M.E熔化极气体保护焊的焊接工艺范围很宽，可以采用短路过渡、射流过渡、旋转射流过渡等熔滴过渡形式，适合各种厚度的工件和各种焊接位置。

④ 焊接质量高。稳定的旋转射流过渡有利于保证侧壁熔合；氢气的加入可提高熔池金属的流动性和润湿性，使焊缝成形美观；T.I.M.E专用保护气体降低了焊缝金属的氢、硫和磷含量，提高了焊缝机械性能，特别是低温韧性。

⑤ 生产成本低。由于熔透能力大，其可使用较小的坡口尺寸，节省了焊丝用量。而高的熔敷速度和焊接速度又节省了劳动工时，因此生产成本显著降低。与普通MIG/MAG焊相比，T.I.M.E熔化极气体保护焊的成本可降低25%。

2）应用

T.I.M.E熔化极气体保护焊适用于碳钢、低合金钢、细晶粒高强钢、低温钢、高温耐热钢、高屈服强度钢及特种钢的焊接，其应用领域有船舶、钢结构、汽车、压力容器、锅炉制造业及军工企业。

6.2.4.4 Tandem熔化极气体保护焊（Tandem GMAW）

（1）基本原理

Tandem熔化极气体保护焊（相位控制的双丝脉冲GMAW焊）是利用两个协同控制的脉冲电弧进行焊接的一种高效GMAW方法。这种方法使用两台完全独立的数字化电源和一把双丝焊枪。焊枪采用紧凑型设计结构，两个导电嘴按一定的角度和距离安装在喷嘴内部，如图6-19所示。两根焊丝分别各由一台独立的数字化电源供电，形成两个可独立调节所有电参数的脉冲电弧。两个脉冲电弧通过同步器SYNC进行控制，保持一定的相位关系，以保证焊接过程更加稳定，如图6-20所示。两个电弧形成一个熔池，如图6-21所示。

图6-19　典型双丝焊焊枪

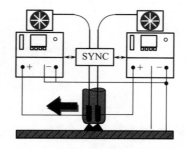

图6-20　Tandem熔化极气体保护焊焊接电源配置

与单丝焊相比，这种方法影响熔透能力的参数除了焊接电流、电弧电压、焊接速度、保护气体、焊枪倾角、干伸长度和焊丝直径以外，焊丝之间的夹角、焊丝间距及两个脉冲电弧之间的相位差也具有重要的影响。

采用这种方法焊接时，前丝后倾，后丝前倾，后丝电流稍小于前丝，通过后丝的电弧力可阻止液态金属快速向后流动，防止驼峰、咬边及未熔合缺陷。另外，利用两根焊丝两个电弧进行焊接，每个电弧的电流均为单丝时的一半，电弧压力显著降低，熔池凹陷深度降低，这降低了熔池金属向后排开的速度，有利于防止驼峰、咬边和未熔合缺陷。两焊丝之间的夹角一般应控制在 0～26°，焊丝间距应控制在 5～20mm（最常用的间距为 8～12mm），如图 6-22 所示。根据电流的大小适当匹配两个脉冲电弧的相位差，可有效地控制电弧和熔池稳定性，得到良好的焊缝成形质量，并可显著提高熔敷速度和焊接速度。图 6-23 示出了焊接电流大小及相位差对电弧稳定性的影响。当焊接电流较小时，两个脉冲电弧之间的相位差对电弧 30s 内断弧次数有明显的影响，相位差越大，断弧次数越多。这是因为相位差越大，基值电流电弧被峰值电流电弧吸引而拉长的时间越长，拉长到一定程度会熄灭，如图 6-24 所示。因此，小电流下两脉冲电弧应保持相位差为 0。焊接电流较大时，断弧次数与相位差无关，两个脉冲电弧之间应保持 180°的相位差。这样当一个电弧作用在脉冲电流时，另一个电弧正处于基值电流，两个电弧之间的电磁作用力较小，可有效降低两个电弧间的电磁干扰和两个过渡熔滴间的相互干扰。

由于焊枪的质量大，因此这种方法只能用于机器人焊接和自动焊，无法进行半自动焊。

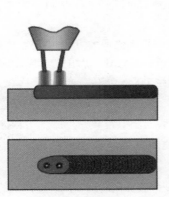

图 6-21　Tandem 熔化极气体保护焊焊接过程

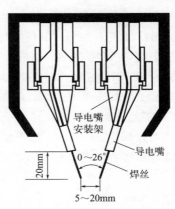

图 6-22　焊丝布置

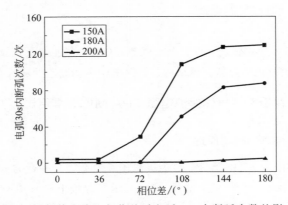

图 6-23　焊接电流、相位差对电弧 30s 内断弧次数的影响

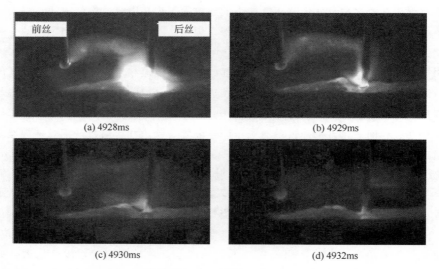

（a）4928ms   （b）4929ms

（c）4930ms   （d）4932ms

图 6-24 基值电流电弧（前丝电弧）被峰值电流电弧（后丝电弧）吸引拉长而熄灭

（焊接电流为 100A＋100A，相位差为 180°）

（2） Tandem GMAW 的特点及应用

1）优点

由于具有两个可独立调节的电弧，而且两个电弧之间的距离可调，因此 Tandem GMAW 焊的工艺可控性强。其优点如下。

① 显著提高了焊接速度和熔敷速度。两个电弧的总焊接电流最大可达 900A，熔敷速度最高可达 30kg/h。焊薄板时可显著提高焊接速度，与传统单丝 GMAW 焊相比可提高 1～4 倍。

② 焊接一定板厚的工件时，所需的热输入低于单丝 GMAW 焊，焊接热影响区小、残余变形量小。

③ 电弧极其稳定，熔滴过渡平稳，飞溅率低（参看二维码-视频）。

④ 焊枪喷嘴孔径大，保护气体覆盖面积大，保护效果好，焊缝的气孔率低。

⑤ 适应性强。多层焊时可任意定义主丝和辅丝，改变焊接方向时可不用改变焊枪的方向。

⑥ 能量分配易于调节。通过调节两个电弧的能量参数，可使能量合理地分配到接缝两侧，适合不同板厚和异种材料的焊接。

2）应用

双丝脉 GMAW 焊可焊接碳钢、低合金高强钢、Cr-Ni 合金以及铝及铝合金。在汽车及汽车零部件、船舶、锅炉及压力容器、钢结构、铁路机车车辆制造领域具有显著的经济效益。

6.2.4.5 等离子-熔化极惰性气体保护电弧（PA-MIG）复合焊

（1） PA-MIG 复合焊的基本原理

这种焊接方法使用了两台电源（一台为等离子弧电源，另一台为 MIG 焊电源），是利用一个特制的 PA-MIG 焊枪进行焊接，如图 6-25 所示。焊枪上设有中心气体、等离子气和保护气等三个气体通路。一般情况下，这三路气体均采用氩气。焊接过程中，焊枪与工件之间产生两个电弧，即钨极与工件之间的等离子弧和焊丝与工件之间的 MIG 电弧，如图 6-26 所示。焊丝、MIG 电弧以及熔池均被等离子体包围。这种焊接方法一般采用机器人焊或自动焊操作方式，不用半自动焊操作方式。

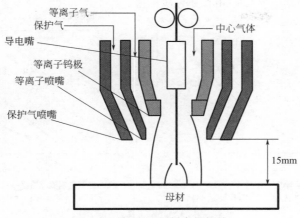

图 6-25　PA-MIG 复合焊焊枪

图 6-26　PA-MIG 复合焊电弧

（2）PA-MIG 复合焊的特点

1）优点

等离子-熔化极惰性气体（PA-MIG）复合焊的优点如下。

① 等离子弧稳定了 MIG 电弧及端部的熔滴，改善了熔滴过渡，克服了飘弧现象（参看二维码-视频）。

② 由于采用了三路气体，焊枪保护效果好，焊缝的气孔倾向比 MIG 焊小。

③ 焊丝的干伸长度较常规 MIG 焊大，而且压缩的等离子弧对焊丝和工件有额外的加热作用，因此熔敷速度大、熔深能力高，焊接效率高。图 6-27 比较了 MIG 焊和 PA-MIG 复合焊的熔敷速度。

④ 通过适当选择等离子弧所用钨极的直径，可提高熔池温度，改善熔池金属的润湿性。

⑤ 由于等离子弧稳定了 MIG 电弧的阴极斑点，采用纯氩气焊接高强度钢时也可获得稳定的电弧和良好的焊缝成形质量，显著降低焊缝含氧量，提高焊缝力学性能。

2）缺点

PA-MIG 复合焊的缺点如下。

① 焊枪复杂，焊接工艺参数繁多，而且各个参数之间的匹配范围较窄。

② 不适合半自动焊，只能采用自动焊或机器人焊操作方式。

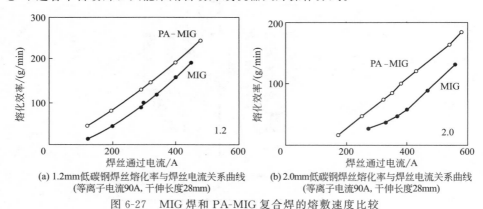

(a) 1.2mm低碳钢焊丝熔化率与焊丝电流关系曲线
（等离子电流90A，干伸长度28mm）

(b) 2.0mm低碳钢焊丝熔化率与焊丝电流关系曲线
（等离子电流90A，干伸长度28mm）

图 6-27　MIG 焊和 PA-MIG 复合焊的熔敷速度比较

6.3　钨极惰性气体保护焊工艺

6.3.1 TIG 焊的原理、特点及应用

（1）基本原理

在惰性气体的保护下，利用钨电极与工件之间产生的电弧加热并熔化母材和填充焊丝的焊接方法称为钨极惰性气体保护焊（tungsten inert gas welding）。TIG 焊的原理如图 6-28 所示。

常用的惰性气体有氩气（Ar）、氦气（He）和氩氦混合气体，在某些场合下（例如不锈钢或镍基合金焊接时）可采用氩气加少量氢气。这几种气体的保护效果基本相同，但在电弧工艺特性方面有显著差别。氦气可显著提高电弧功率，进而提高焊接速度和熔深能力。氦气的成本比氩气高很多，工业生产中通常使用氩气作为保护气体，因此钨极惰性气体保护焊又称钨极氩弧焊。

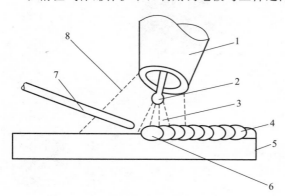

图 6-28　钨极氩弧焊的基本原理

1—喷嘴；2—钨极；3—电弧；4—焊缝；
5—工件；6—熔池；7—焊丝；8—保护气流

TIG 焊可采用直流和交流两种形式，而交流 TIG 焊又有正弦波交流和矩形（方形）波交流两种。交流 TIG 焊用于焊接铝和铝合金、镁和镁合金等活泼金属；而直流 TIG 焊用于铝和镁以外的其他金属的焊接，通常采用直流正接（DCSP）。直流正接 TIG 焊具有电弧稳定、熔深能力大、焊缝成形质量好等优点，但由于工件接阳极，无法去处工件表面的氧化膜。

薄板焊接通常采用脉冲 TIG 焊。脉冲 TIG 焊按脉冲频率的大小又分为低频（0.1～10Hz）脉冲 TIG 焊、中频（10～1kHz）脉冲 TIG 焊和高频（20～40kHz）脉冲 TIG 焊三种。

（2） TIG 焊的特点

1）优点

① 可焊接几乎所有的金属，特别适合焊接化学活性强、易形成高熔点氧化物的铝、镁及其合金。

② 焊接过程中钨棒不熔化，弧长变化干扰因素相对较少，而且电弧电场强度低、稳定性好，因此焊接过程非常稳定。

③ 焊缝表面成形好，焊缝质量高。

④ 即使是使用几安培的小电流，钨极氩弧仍能稳定燃烧，而且热量相对较集中，因此可焊接 0.3mm 的薄板。脉冲钨极惰性气体保护焊不仅可焊厚度更小，而且还可进行全位置焊接、热敏感材料焊接及不加衬垫的单面焊双面成形焊接。

⑤ 钨极惰性气体保护焊的电弧是明弧，焊接过程参数稳定，易于检测及控制，是理想的自动化、机器人化的焊接方法。

2）缺点

① 钨极载流能力有限，加之电弧热效率系数低，因此熔深浅、熔敷速度低，焊接生产率低。

② 钨极惰性气体保护焊是利用惰性气体进行保护的，抗侧向风的能力较差。在有侧向风的情况下焊接时，需采取防风措施。

③ 对工件清理要求较高。由于采用惰性气体进行保护，无冶金脱氧和去氢作用，为了避免气孔、裂纹等缺陷，焊前必须严格去除工件上的油污、铁锈等。

（3）应用范围

1）适焊的材料

钨极惰性气体保护焊几乎可焊接所有的金属和合金，但因其成本较高，生产中主要用于焊接不锈钢、耐热钢以及有色金属（铝、镁、钛、铜等）及其合金。对于普通的黑色金属，其主要用于重要焊缝的打底焊。

2）适焊的焊接接头和位置

TIG 焊主要用于对接、搭接、T 形接、角接等接头的焊接，薄板对接时（≤2mm）可采用卷边对接接头。其适用于所有焊接位置。

3）适焊的板厚与产品结构

表 6-6 给出了 TIG 焊适用的焊件厚度范围。从生产率和成本来考虑，TIG 焊一般不用于厚度在 10mm 以上的工件。

表 6-6 TIG 焊焊件厚度的适用范围

厚度/mm	0.13	0.4	1.6	3.2	4.8	6.4	10	12.7	19	25	51	102
不开坡口单道焊	⟵————————⟶											
开坡口单道焊			⟵————⟶									
开坡口多层焊				⟵————————————————————⟶								

薄壁产品如箱盒、箱格、隔膜、壳体、蒙皮、喷气发动机叶片、散热片、鳍片、管接头、电子器件的封装等均可采用 TIG 焊生产。

重要厚壁构件如压力容器、管道、汽轮机转子等对接焊缝的根部熔透焊道或其他结构窄间隙焊缝的打底焊道，为了保证焊接质量，一般采用 TIG 焊进行焊接。

6.3.2 TIG 焊工艺参数

（1）电流类型与极性选择

铝、镁及其合金通常采用交流进行焊接，而其他金属优先选用直流正接（DCSP）进行焊接。薄板焊接尽量采用脉冲电流，铝、镁及其合金通常采用方波交流脉冲，而其他金属薄板采用直流脉冲。

（2）钨极的直径及端部形状

钨极直径的选择原则是，在保证钨极许用电流大于所用焊接电流的前提下，选用的直径越小越好。钨极的许用电流取决于钨极直径、电流的种类及极性。钨极直径越大，其许用电流越大。采用直流正接时，钨极的许用电流最大；采用直流反接时，钨极的许用电流最小；而采用交流时，钨极的许用电流居于直流正接与反接之间。电流波形对钨极的许用电流也具有重要的影响，进行脉冲钨极氩弧焊时，由于在基值电流期间钨极受到冷却，因此一定直径的钨极许用电流值明显提高。

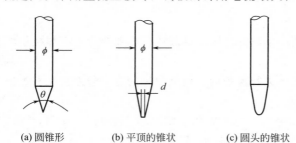

(a) 圆锥形　　(b) 平顶的锥状　　(c) 圆头的锥状

图 6-29　TIG 焊钨极末端的形状

钨极的端部形状对电弧稳定性有重要影响。对于直流正接 TIG 焊，焊接电流较小时，可用小直径钨极，末端磨得尖些，这样电弧容易引燃和稳定；焊接电流较大时，宜用带有平顶或圆头的锥形，如图 6-29 所示。表 6-7 是推荐的钨极端部形状和使用电流范围。对于交流 TIG 焊，钨极的末端通常磨成球面状；随着电流增大，球径也增大，最大时等于钨极半径（即不带锥角）。

表 6-7　直流正接 TIG 焊钨极末端的形状与使用的电流范围

电极直径 ϕ/mm	尖端直径 d/mm	锥角 θ/(°)	直流正接	
			恒定电流范围/A	脉冲电流范围/A
1	0.125	12	2～15	2～25
	0.25	20	5～30	5～60
1.6	0.5	25	8～50	8～100
	0.8	30	10～70	10～140
2.4	0.8	35	12～90	12～180
	1.1	45	15～150	15～250
3.2	1.1	60	20～200	20～300
	1.5	90	25～250	25～300

（3）焊接电流

焊接电流是决定焊缝熔深的最主要参数，一般根据母材类型、焊件厚度、接头形式、焊接位置等因素来选定。

对于脉冲钨极氩弧焊，焊接电流衍变为基值电流 I_b、脉冲电流 I_p、脉冲持续时间 t_p、脉冲间歇时间 t_b、脉冲周期 $T(=t_p+t_b)$、脉冲频率 $f(=1/T)$、脉冲幅比 $F(=I_p/I_b)$、脉冲宽比 $K(=t_p/t_b+t_p)$ 等参数。其中四个参数是独立的，这些参数的选择原则如下。

1）脉冲电流 I_p 及脉冲持续时间 t_p

脉冲电流与脉冲持续时间之积 I_pt_p 称为通电量。通电量决定了焊缝的形状尺寸，特别是熔深，因此，应首先根据母材类型及板厚选择合适的脉冲电流及脉冲电流持续时间。不同材料及板厚的工件可根据图 6-30 来选择脉冲电流及脉冲电流持续时间。

焊接厚度小于 0.25mm 的工件时，应适当降低脉冲电流值，并相应地延长脉冲电流持续时间。焊接厚度大于 4mm 的板时，应适当增大脉冲电流值，并相应地缩短脉冲电流持续时间。

2）基值电流 I_b

基值电流的主要作用是维持电弧的稳定燃烧，因此在保证电弧稳定的条件下，应尽量选择较低的基值电流，以突出脉冲钨极氩弧焊的特点。但在焊接冷裂倾向较大的材料时，应将基值电流选得稍高一些，以防止火口裂纹。基值电流一般为脉冲电流的 $10\%\sim20\%$。

3）脉冲间歇时间 t_b

脉冲间歇时间对焊缝的形状尺寸影响较小。但其过长时会显著降低热输入，形成不连续焊道。

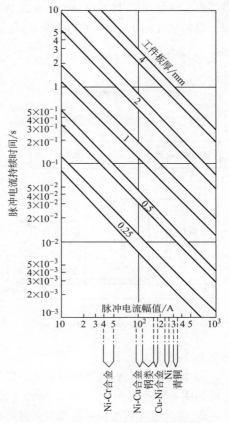

图 6-30　不同板厚及材料 TIG 焊的脉冲
电流及脉冲电流持续时间

（4）保护气体流量

在一定条件下，气体流量与喷嘴直径有一个最佳配合范围，此时保护效果最好，有效保护区最大。TIG 焊的喷嘴内径范围为 5～20mm，流量范围为 5～25L/min，一般以排走焊接部位的空气为准。若气体流量过低，则气流挺度不足，排除空气能力弱，影响保护效果；若流量太大，则易形成紊流，使空气卷入，也降低保护效果。

（5）钨极伸出长度

钨极的伸出长度通常是指露在喷嘴外面的钨极长度。伸出长度过大时，钨极易过热，且保护效果差；而伸出长度太小时，喷嘴易过热。因此，钨极的伸出长度必须保持为适当的值。对接焊时，钨极的伸出长度一般保持在 5～6mm；焊接 T 形焊缝时，钨极的伸出长度最好为 7～8mm。

（6）喷嘴与工件的距离

喷嘴与工件的距离要与钨极的伸出长度相匹配，一般应控制在 8～14mm 之间。距离过小时，弧长过短，易导致钨极与熔池的接触，使焊缝夹钨并降低钨极寿命；距离过大时，保护效果差，电弧不稳定。

6.3.3 高效 TIG 焊

TIG 焊最大的缺点是焊接生产率低，活性 TIG 焊、TOP-TIG 焊、K-TIG 焊、双钨极 TIG 焊、热丝 TIG 焊等均是为了解决该问题而提出的新工艺。其中，TOP-TIG 焊、K-TIG 焊、双钨极 TIG 焊、热丝 TIG 焊等方法主要使用自动化焊和机器人焊操作方式。

6.3.3.1 热丝 TIG 焊

（1）热丝 TIG 焊的原理

热丝 TIG 焊的原理如图 6-31 所示。利用一专用电源对填充焊丝进行加热，该电源称为热丝电源。伸出导电嘴之外的焊丝被热丝电流产生的电阻加热到接近熔点的温度，接触熔池后迅速熔化，因此，这种方法的熔敷速度显著提高。

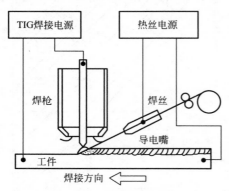

图 6-31　热丝 TIG 焊的原理

焊丝的加热效果取决于热丝电流、焊丝干伸长度和送丝速度。干伸长度一般控制在 15～50mm。在焊丝干伸长度一定时，送丝速度必须与热丝电流适当匹配。热丝电流过高，会使焊丝大块熔断，焊丝与熔池脱离接触，热丝电流中断，形成不连续焊缝；热丝电流过低，会使焊丝插入熔池，发生固态短路。

流经焊丝的热丝电流会产生磁场，该磁场容易导致电弧发生偏吹。为了避免这种磁偏吹，应采用如下几个措施。

① 减小焊丝与钨极之间的夹角。TIG 焊时冷丝与钨极之间的夹角接近 90°，热丝与钨极之间夹角要控制在 40°～60°，如图 6-32 所示。

② 热丝电流和焊接电流都采用脉冲电流，并将两者的相位差控制为 180°，如图 6-33 所示。焊接电流为峰值电流时，热丝电流为零，不产生磁偏吹，电弧热量用来加热工件，形成熔池；焊接电流为基值电流时，热丝电流为峰值电流，电弧在焊丝磁场的吸引下偏向焊丝。尽管此时产生磁偏吹，但基值电弧主要起维弧作用，对熔深和熔池行为影响很小。

(a) 热丝TIG焊　　(b) 冷丝TIG焊

图 6-32　热丝和冷丝 TIG 焊的填丝角度

图 6-33　热丝电流和焊接电流相位匹配

I_{ap}—电弧电流峰值；I_{ab}—电弧电流基值；
I_{wp}—热丝电流峰值

（2）热丝 TIG 焊的特点

与传统 TIG 焊相比，热丝 TIG 焊具有如下优点。

① 熔敷速度大。在相同的电流条件下，熔敷速度最多可提高 60%，如图 6-34 所示。

② 焊接速度大。在相同的电流条件下，焊接速度可提高 100% 以上。

③ 熔敷金属的稀释率低。最多可降低 60%。

④ 焊接变形小。由于用热丝电流预热焊丝，在同样熔深下所需的焊接电流小，有利于降低热输入，减小焊接变形。

⑤ 气孔敏感性小。热丝电流的加热使得焊丝在填入熔池之前就达到很高的温度，有机物等污染物提前挥发，可使焊接区域中的氢气含量降低。

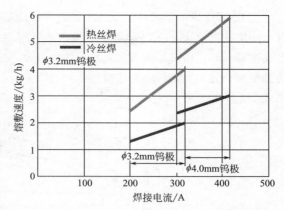

图 6-34　热丝 TIG 焊和冷丝 TIG 焊的熔敷速度比较

⑥ 合金元素烧损少。在同样熔深下所需的热输入小，降低了熔池温度，减少了合金元素烧损。

（3）热丝 TIG 焊的应用

热丝 TIG 焊适用于碳钢、合金钢、不锈钢、镍基合金、双相或多相钢、铝合金和钛合金等的薄板及中厚板焊接，特别适用于钨铬钴合金系表面堆焊。

6.3.3.2 TOP-TIG 焊

普通的填丝 TIG 焊被称为冷丝 TIG 焊。焊接时，焊丝与电极几乎成 90°，不适合机器人焊接。其缺点如下。

① 焊枪端部体积较大，可达性差。

② 送丝装置限制了机器人的灵活性。

③ 对于复杂的焊件还得增加一个联动的转胎（第七轴），用于协同焊丝的填丝位置。

④ 填丝 TIG 焊的电弧热量分别用于熔化焊件和焊丝。因为约 30% 电弧热量用于熔化焊丝，进一步限制了焊接速度的提高。

因此，目前用于 TIG 焊的焊接机器人为了灵活性通常都不采用冷丝 TIG 焊。TOP-TIG 焊是为机器人填丝 TIG 焊而开发的一种新方法。

（1）TOP-TIG 焊工艺原理

TOP-TIG 焊是通过集成在喷嘴侧壁上的送丝嘴进行送丝的一种 TIG 焊方法，如图 6-35 所示。焊丝经喷嘴侧壁上的送丝嘴进入电弧，穿过电弧后进入熔池。送丝嘴轴线与钨极轴线之间的夹角一般为 20°。为了防止进入

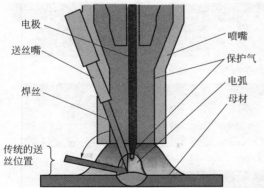

图 6-35　TOP-TIG 焊工艺原理

电弧后的焊丝接触到钨极，焊丝必须与钨极端部锥面平行，因此钨极端部需要加工成 40° 的圆锥或锥台形。焊丝通过送丝嘴时被高温喷嘴预热，进入电弧中温度最高的区域（钨极端部附近）后进一步被加热，因此其可用的送丝速度和电弧能量利用率高，如图 6-36 和图 6-37 所示。

TOP-TIG 焊的熔滴过渡方式主要有自由滴状过渡、接触滴状过渡和连续接触过渡等三种，如图 6-38 所示。其主要影响因素是送丝速度，焊接电流和送丝方向也有一定影响。送丝速度较低时，熔滴过渡方式为自由滴状过渡；随着送丝速度的提高，自由滴状过渡先转变为接触滴状过渡，再转变为连续接触过渡。一定电流下，送丝速度对熔滴过渡方式的影响见图 6-39。

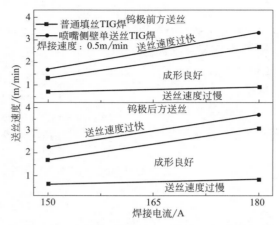

图 6-36　TOP-TIG 焊与普通填丝 TIG 焊的送丝速度适用范围比较

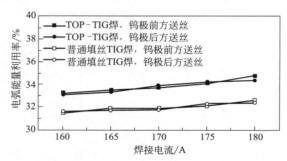

图 6-37　不同电流下 TOP-TIG 焊与普通填丝 TIG 焊的电弧能量利用率

(a) 自由滴状过渡(焊接电流180A、送丝速度0.3m/min、焊接速度0.5m/min)

(b) 接触滴状过渡 (焊接电流180A、送丝速度1.3m/min、焊接速度0.5m/min)

(c) 连续接触过渡(焊接电流150A、送丝速度1.7m/min、焊接速度0.5m/min)

图 6-38　钨极前方送丝时 TOP-TIG 焊的熔滴过渡方式

（2）TOP-TIG 焊的特点及应用

1）TOP-TIG 焊的优点

① 与普通填丝 TIG 焊相比，其操作方便、灵活，焊缝方向变化时不需要改变焊丝的送进方向。

② 焊接速度快，能量利用率高。高温喷嘴和钨极附近高温弧柱区对焊丝进行了强烈的预热，这显著提高了电弧热量利用率，提高了熔敷速度和焊接速度。焊接厚度 3mm 以下的板材时，TOP-TIG 焊的焊接速度等于甚至优于 MIG 焊，如图 6-40 所示。

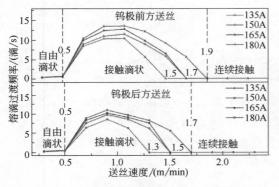

图 6-39　送丝速度对熔滴过渡方式的影响

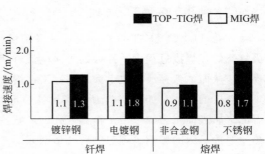

图 6-40　TOP-TIG 焊与 MIG 焊的焊接速度比较

③ 与 MIG/MAG 焊相比，焊缝质量好、无飞溅、噪声小。

④ 钨极到工件的距离对焊接质量的影响不像 TIG 焊那样大，拓宽了工艺窗口。

2）TOP-TIG 焊的缺点

TOP-TIG 焊对钨极端部的形状要求极其严格，因此只能采用直流正极性接法进行焊接，不能采用交流电弧。

3）应用

TOP-TIG 焊可用来焊接镀锌钢、不锈钢、钛合金和镍金合金等。焊接薄板时，其效率高于 MIG/MAG 焊。由于不能采用交流电弧，因此这种方法一般不用于铝、镁等活泼金属及其合金的焊接。

（3）TOP-TIG 焊工艺

TOP-TIG 焊的主要工艺参数有丝极间距（钨极到焊丝端部的距离）、钨极直径、焊丝直径、焊接电流、送丝速度和焊接速度等。丝极间距一般取焊丝直径的 1～1.5 倍。常用的钨极直径为 2.4mm 和 3.2mm，电流上限分别为 230A 和 300A。常用的焊丝直径为 0.8mm、1.0mm 和 1.2mm 三种。TOP-TIG 焊的主要焊接参数对焊缝成形的影响规律见表 6-8。

表 6-8　TOP-TIG 焊的主要焊接参数对焊缝成形的影响规律

参数	变化趋势	焊缝成形变化趋势		
		熔深	熔宽	余高
焊接电流	增大	增大	增大	减小
	减小	减小	减小	增大
电弧电压	增大	减小	增大	减小
	减小	增大	减小	增大

参数	变化趋势	焊缝成形变化趋势		
		熔深	熔宽	余高
送丝速度	增大	减小	减小	增大
	减小	增大	增大	减小
焊接速度	增大	减小	减小	减小
	减小	增大	增大	增大

6.3.3.3 匙孔 TIG 焊

（1）匙孔 TIG 焊工艺原理

匙孔 TIG 焊（K-TIG 焊）是一种采用粗钨极（6mm 以上）、大电流（300A 以上）的钨极氩弧焊。焊接过程中，强大的焊接电流可使电磁收缩力和等离子流力显著增大，电弧挺度提高，从而电弧穿透力也大大加强；工件熔透后，在电弧正下方的熔池部位会产生一个贯穿工件厚度的小孔，如图 6-41 所示。匙孔稳定存在的条件为金属蒸气的蒸发反力、电弧压力、熔池金属表面张力等三力平衡。匙孔的形状主要受焊接电流、焊接材料的密度、表面张力、热导率等参数的影响。理想的匙孔形状如图 6-42 所示。

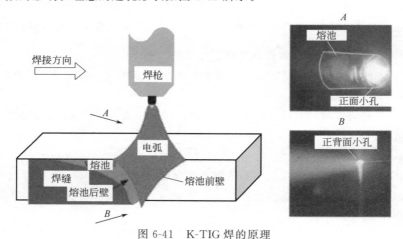

图 6-41　K-TIG 焊的原理

图 6-42　理想的匙孔形状

（2）匙孔 TIG 焊设备

因为焊接电流大，匙孔 TIG 焊的焊接电源不能用传统的 TIG 焊电源，需要采用额定电流更大的特制电源或埋弧焊电源。采用埋弧焊电源时需要增加高频或高压发生器，以保证电弧引燃及稳定燃烧。

与普通焊枪相比，匙孔 TIG 焊焊枪的体积和重量要大得多。图 6-43 示出了匙孔 TIG 焊的焊枪结构。其喷嘴一般为铜质，孔径较大，为了保证良好的气体保护效果，保护气的流量一般大于 20L/min；

钨极直径在 6mm 以上，而且需要强力水冷。冷却水应尽量包围大部分钨极，保证钨极最大限度地冷却，使得钨极发射电子点集中在一个半径为 1mm 的区域内，实现"电弧冷压缩"，以有效增加电流密度，进而增大电弧穿透力，保证焊接过程匙孔的稳定形成。

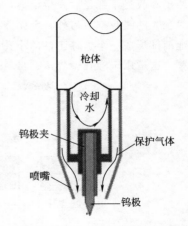

图 6-43　匙孔 TIG 焊的焊枪结构

（3）匙孔 TIG 焊的工艺特点

匙孔 TIG 焊的优点如下。

① 熔深能力大。常规速度（0.2～0.3m/min）下，不开坡口、不填焊丝时一次可焊透 12mm 厚的不锈钢或钛合金。

② 焊接速度快。焊接 3mm 厚的不锈钢时，焊接速度可达 1m/min。

③ 焊缝成形好，焊接变形小。

④ 电弧的热效率系数高，能量利用率高。匙孔 TIG 焊的焊接电流很大，而大电流焊接时钨极的热发射能力强、压降低、消耗的热量少，因此其电弧热效率系数高。

匙孔 TIG 焊的缺点是只能焊接不锈钢、钛合金、锆合金等热导率较低的金属，对于铝合金、铜合金等热导率较高的金属，匙孔根部宽度较大，熔池稳定性很差，难以获得良好的成形效果。

（4）匙孔 TIG 焊的工艺参数

匙孔 TIG 焊常用的电流范围为 300～1000A、电弧电压为 16～20V、钨极直径为 6.0～8.0mm，钨极的锥角为 60°。

6.4　激光焊

6.4.1　激光焊的原理、特点及应用

（1）激光焊原理

激光焊是利用聚焦激光束作为热源的一种高能量密度熔化焊方法。其加热过程实质上是激光与非透明物质相互作用的过程。

在不同功率密度的激光照射下，材料表面会发生不同的物理状态变化，主要有固体温升、表层熔化、汽化及等离子形成等，如图 6-44 所示。

激光的功率密度较低（$<10^4 \mathrm{W/cm^2}$）且辐射时间较短时，金属吸收激光的能量只能引起其由表及里的温度上升。这适用于零件的表面热处理。

激光的功率密度达到 $10^4 \sim 10^6 \mathrm{W/cm^2}$ 且辐射时间较长时，材料表层熔化，且液-固相分界面逐渐向材料深处移动。这适用于金属表面重熔、合金化、熔覆和熔入型焊接。

激光的功率密度$>10^6 \mathrm{W/cm^2}$ 时，材料表面不仅熔化，而且蒸发，金属蒸气聚集在材料表面附近并弱电离。这种电离度较低的金属蒸气称为弱等离子体，它有利于工件对激光的吸收。另外，金属蒸气的反作用力还可使熔池金属表面凹陷。这适用于熔入型焊接。

激光的功率密度$>10^7 \mathrm{W/cm^2}$ 时，工件表面会发生强烈蒸发，聚集在熔池上方的金属蒸

气原子吸收光子能量后发生电离，形成等离子体。等离子体对激光有屏蔽作用，显著降低工件对激光的吸收率。另外，金属蒸发时在熔池表面施加一蒸发反力，在蒸发反力的作用下，熔池前部形成一个贯穿工件的小孔（又称匙孔），该小孔的出现显著提高了母材对激光的吸收率。这适用于穿孔型焊接、材料切割和打孔等。

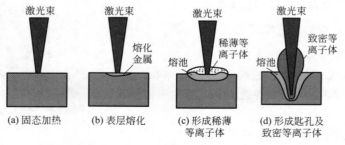

图 6-44　激光辐射金属材料时几种不同的物理状态变化

（2）激光焊的特点（参看二维码-视频）

与一般焊接方法相比，激光焊具有下列几个特点。

① 聚焦后，激光光斑的直径可小到 0.01mm，具有很高的功率密度（最高可达 10^{13} W/m^2），焊接多以穿孔方式进行。

② 激光加热范围小（<1mm），在相同的功率和焊件厚度条件下，其焊接速度最高可达 10m/min。

③ 焊接热输入低，故焊缝和热影响区窄、焊接残余应力和变形小，可以焊接精密零件和结构，焊后无需矫正和机械加工。

④ 通过光导纤维或棱镜改变激光的传输方向，可进行远距离焊接或一些难以接近部位的焊接。由于激光能穿透玻璃等透明体，适合在密封的玻璃容器里焊接铍合金等剧毒材料。

⑤ 可以焊接一般焊接方法难以焊接的材料，如高熔点金属、陶瓷、有机玻璃等。

⑥ 与电子束焊相比，激光焊不需要真空室，不产生 X 射线，光束不受电磁场作用。但其可焊厚度比电子束焊小。

⑦ 激光的电光转换效率及整体能量利用率都很低。此外，激光会被光滑金属表面部分反射或折射，影响能量向工件传输。所以，激光焊焊接一些高反射率的金属还比较困难。

⑧ 设备投资大，特别是高功率连续激光器价格昂贵。此外，不仅焊件的加工和组装精度要求高，工装夹具的精度要求也较高，只有在高生产率下才能显示出其经济性。

（3）激光焊的主要应用

固体激光焊或脉冲气体激光焊既可焊接铜、铁、锆、钽、铝、钛、铌等金属及其合金，也可焊接石英、玻璃、陶瓷、塑料等非金属材料。连续 CO_2 气体激光焊可焊接大部分金属与合金，但难以焊接铜、铝及其合金（因为这两种金属对 CO_2 气体激光的反射率高、吸收率低）。

激光焊已广泛用于航天、航空、电子仪表、精密仪器、汽车制造、游艇、医疗器械等领域，既可用来焊接由金属丝或金属箔构成的精密小零件，也可用于焊接厚度较大的金属结构件。

激光焊还能与电弧热、电阻热、摩擦热等热源复合起来进行复合焊，例如激光-MIG 复合焊等，显著提高焊接质量和效率，降低制造成本。

6.4.2 激光焊接系统

激光焊机器人系统主要由激光焊接系统（激光器、光束传输、聚焦系统和焊枪）、机器人、变位机、电源及控制装置、气源和水源、操作盘和数控装置等组成，如图 6-45 所示。

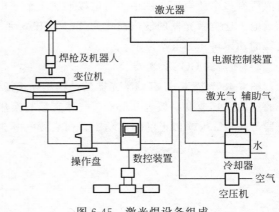

图 6-45 激光焊设备组成

6.4.2.1 激光器

激光器是通过使受激原子或分子的电子从高能级跃迁到低能级来产生相干光束的一种设备。根据工作介质的类型，激光器分为固体激光器和气体激光器。

（1）固体激光器

固体激光器的工作介质为红宝石、YAG（钇铝石榴石）或钕玻璃棒等，主要由激光工作介质、聚光器、谐振腔（全反射镜和部分反射镜）、泵灯、电源及控制设备组成，如图 6-46 所示。高压电源对储能电容器充电，而电容器充电到一定电压后，在触发电路控制下向泵灯（氙灯）放电，泵灯发出强光束，集中照在工作介质上。工作介质在泵灯光束的激励下产生激光，激光在谐振腔中振荡放大后通过部分反射镜的窗口输出。通过调节储能电容上的充电电压值，激光器可输出不同能量的激光。固体激光可通过光纤传输。

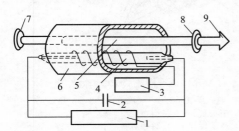

图 6-46 固体激光器组成

1—高压电源；2—储能电容；3—触发电路；
4—泵灯；5—激光工作介质；6—聚光器；
7—全反射镜；8—部分反射镜；9—激光

固体激光的波长与工作介质有关，红宝石为 $0.69\mu m$，YAG 为 $1.06\mu m$。

工业用脉冲 Nd：YAG 激光器输出的平均功率较低，但峰值功率却高于平均功率的 15 倍；而连续 Nd：YAG 激光器输出的功率达 10kW 以上，相比脉冲 Nd：YAG 激光器具有更高的加工速度。

使用氙灯作为激励器件的固体激光器称为灯泵浦激光器。采用激光二极管作为激励器件时，则称为二极管泵浦激光器。二极管泵浦 Nd：YAG 激光器的波长较短，约在 $0.85\sim 1.65\mu m$ 之间。功率超过 550W 的激光器即可用于焊接与切割。

（2）气体激光器

气体激光器多为 CO_2 激光器，以 CO_2、N_2 和 He 的混合气体为工作介质。CO_2 激光的波长为 $10.6\mu m$，是固体（Nd：YAG）激光的 10 倍。焊接和切割常用的 CO_2 激光器有快速轴流式和横流式两种。

1）快速轴流式 CO_2 激光器

图 6-47 为快速轴流式 CO_2 激光器的结构，它由放电管、谐振腔、高速风机以及热交换器等组成。气体在放电管内以接近声速的速度流动，同时也带走激光腔体内的废热。在放电

管内可有多个放电区（图中 4 对电极形成 4 个放电区），高压直流电源在其间形成均匀的辉光放电。这类激光器的输出模式为 TEM_{00} 模式和 TEM_{01} 模式，适用于焊接和切割。这类激光器的功率可达 20kW 以上。

2）横流式 CO_2 激光器

图 6-48 为横流式 CO_2 激光器的结构。高速压气机可使混合气体在放电区做垂直于激光束的流动，其速度一般为 50m/s。气体直接与换热器进行热交换，因而冷却效果好。这种激光器可获得 25kW 以上的输出功率，调节放电电流的大小即可控制其输出功率。

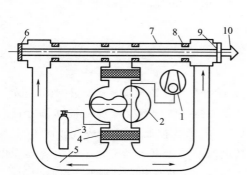

图 6-47　快速轴流式 CO_2 激光器

1—真空系统；2—罗茨风机；3—激光工作气源；
4—热交换器；5—气管；6—全反镜；
7—放电管；8—电极；9—输出窗口；10—激光束

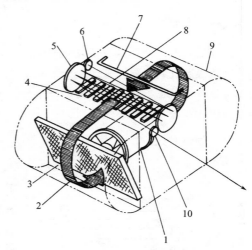

图 6-48　横流式 CO_2 激光器

1—压气机；2—气流方向；3—换热器；
4—阳极板；5—折射镜；6—全反镜；7—阴极管；
8—放电区；9—密封钢外壳；10—半反镜（窗口）

目前，焊接与切割用激光主要是 YAG 激光和 CO_2 激光，两种激光各有特点。

Nd：YAG 激光的优点是：

① 大多数金属对 Nd：YAG 激光的吸收率比对 CO_2 激光的吸收率大；

② Nd：YAG 激光能通过光纤传播，有利于实现机器人焊接；

③ Nd：YAG 激光容易对中、转换和分光，其激光器和光束传输系统所占空间较小。

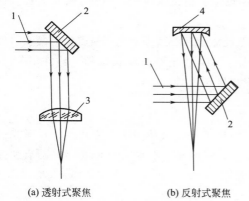

(a) 透射式聚焦　　(b) 反射式聚焦

图 6-49　激光传输和聚焦系统

1—激光束；2—平面反射镜；3—透镜；4—球面反射镜

CO_2 激光的优点是：

① 输出功率较大、电光转换效率高、聚焦能力好、运行费用和安全防护成本低等；

② 焊接激光反射率较低的材料时可获得较高的焊接速度、较大的熔深。

6.4.2.2　光束传输、聚焦系统和焊枪

光束传输和聚焦系统又称外部光学系统，用来把光束传输并聚焦到工件上，其端部安装有提供保护或辅助气流的焊枪。图 6-49 为两种激光传输和聚焦系统。反射镜用于改变光束的方向，球面反射镜或透镜用来聚焦。在固体激

光器中，常用光学玻璃制造反射镜和透镜；而对于 CO_2 激光器，由于激光波长大，常用铜或反射率高的金属制作反射镜，用 GaAs 或 ZnSe 制造透镜。透射式聚焦用于中小功率的激光器，而反射式聚焦用于大功率激光器。

6.4.3 激光焊焊缝成形方式

根据所用激光束的功率密度大小，激光焊的焊缝成形方式分为熔入型焊接和穿孔型焊接两种。熔入型焊接的熔池行为和焊接工艺过程与电弧焊基本类似。

在较大的功率密度（不小于 $10^{10}\,\mathrm{W/m^2}$）下，焊接过程中会产生小孔效应，如图 6-50 所示。在激光束的照射下，工件不仅发生熔透，而且在强大的金属蒸发反力作用下，激光束下面形成一个贯穿工件厚度的小孔。小孔侧壁周围是熔化的液态金属，内部充满金属蒸气。这个充满蒸气的小孔就像"黑体"一样，将入射的激光能量封闭其中，显著提高了工件对激光的吸收率。激光束向前移动时，液态金属绕小孔向后方流动。此后，小孔后方的液态金属因热传导作用温度降低，逐渐凝固而形成焊缝。

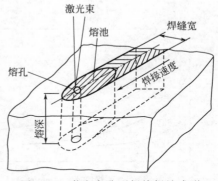

图 6-50　激光穿孔型焊接焊缝成形

6.4.4 激光焊工艺

6.4.4.1 连续激光焊

（1）接头形式

图 6-51 示出了连续激光焊可用的接头形式。其中最为常用的是对接和搭接，一般不需填充金属。

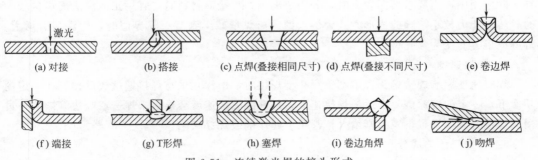

(a) 对接　　(b) 搭接　　(c) 点焊(叠接相同尺寸)　(d) 点焊(叠接不同尺寸)　(e) 卷边焊

(f) 端接　　(g) T形焊　　(h) 塞焊　　(i) 卷边角焊　　(j) 吻焊

图 6-51　连续激光焊的接头形式

由于激光经聚焦后的光束直径一般很小，因此，对接头的装配精度要求很高。对接时，装配间隙应小于材料厚度的 15%，工件间的错位和平面度应不大于材料厚度的 25%，如图 6-52（a）所示。对于导热性能好的材料，如铜合金、铝合金等，还应将误差控制在更小的范围内。此外，不填丝焊接时，装配间隙会导致焊缝表面凹陷。激光焊接时变形虽小，但仍需利用夹具夹紧。

搭接时，其装配间隙的允差为工件中较薄者厚度的 25%，如图 6-52（b）所示。若过大，则导致上片烧穿而下片未熔合。

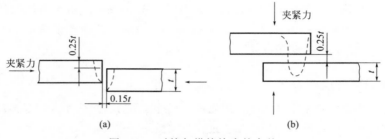

图 6-52　对接与搭接接头的允差

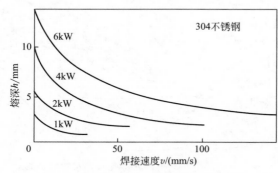

图 6-53　激光功率、焊接速度和焊接
熔深之间的基本关系

（2）工艺参数

1）入射激光束功率

入射激光束功率是影响焊接熔深的主要参数。在束斑直径一定的条件下，增加激光功率可增大焊接熔深或提高焊接速度。激光功率、焊接速度和焊接熔深之间的基本关系如图 6-53 所示。

2）激光波长

波长影响吸收率，波长越短，吸收率越高。如铝和紫铜对固体激光的吸收率较高，而对气体激光的吸收率则很低。

3）光斑直径和离焦量

在入射激光束功率一定的情况下，光斑直径越小，激光束的能量密度越大，熔宽越小，熔深越大。

激光焦点上光斑中心的功率密度很高，焦点位于工件表面上时易导致过量的蒸发，因此，激光焊接通常需要一定的离焦量。焦平面位于工件表面上方为正离焦，反之为负离焦。在实际应用中，当要求熔深较大时，采用负离焦；焊接薄材料时，宜用正离焦。离焦量较大时，熔深能力较小，焊缝成形方式为熔入型。离焦量减小到某一临界值时，熔深显著增大，焊缝成形方式变为穿孔型。

4）焊接速度

焊接速度影响焊接熔深和熔宽。穿孔型焊接时，熔深几乎与焊接速度成反比。在一定的功率下，一定的熔深需要合适的焊接速度。过高的焊接速度会导致未焊透或咬边等缺陷，过慢的焊接速度会导致熔宽急剧增大，甚至引起塌陷或烧穿缺陷。

5）保护气体的成分和流量

焊接时使用保护气体，一是为了保护被焊部位免受氧化，二是为了抑制大功率焊接时产生大量等离子体。

He 可显著改善激光的穿透力，这是因为 He 的电离势高，不易产生等离子体；而 Ar 的电离势低，易产生等离子体。若在 He 中加入 1%（体积分数）的双原子分子的 H_2，则会进一步改善激光束的穿透力，增大熔深。采用 CO_2 作为保护和侧吹气体时，激光束的熔透能力介于氩气和氦气之间。

随着流量的增大，熔深增大，但超过一定值后，熔深基本上维持不变。这是因为流量从小变大时，保护气体去除熔池上方等离子体的作用是逐渐加强的，从而减小了等离子体对光束的吸收和散射作用。而一旦流量达到一定值后，其抑制等离子体的作用不再随着流量增大而加强，而且，过大的流量还会引起焊缝表面凹陷和气体的过多消耗。

6.4.4.2 脉冲激光焊

（1）接头形式

脉冲激光焊加热斑点微小（微米数量级），因而用于薄片（0.1mm 厚）、薄膜（几微米至几十微米）和金属丝（直径小至 0.02mm）的焊接。图 6-54 为金属丝之间脉冲激光焊的几种接头形式。图 6-55 为金属丝与块状零件脉冲激光焊的接头形式。

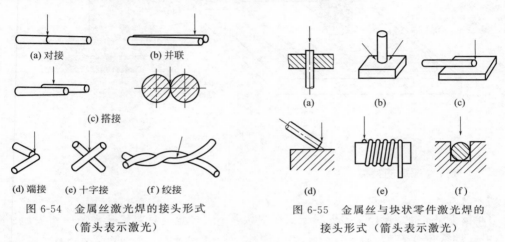

图 6-54　金属丝激光焊的接头形式
（箭头表示激光）

图 6-55　金属丝与块状零件激光焊的
接头形式（箭头表示激光）

（2）工艺参数

脉冲激光焊的焊缝由一系列焊点构成，每一个激光脉冲在金属上就形成一个焊点。这种方法主要用于微型、精密元件和一些微电子元件的焊接。

当功率密度达到 10^{10} W/m^2 时，脉冲激光焊将产生小孔效应，形成深宽比大于 1 的焊点，金属略有汽化。功率密度过大，金属汽化剧烈，在焊点中易形成不能被液态金属填满的小孔，无法形成牢固的焊点。对于一定厚度的工件，存在一个最佳的功率密度。该最佳功率密度随着焊接厚度增大而增大。

进行脉冲激光焊时，脉冲能量主要影响金属的熔化量，脉冲宽度则影响熔深。每种材料均有一个最佳的脉冲宽度，在该脉冲宽度下熔深能力最大。例如，对于铜及其合金，最佳脉冲宽度为 $(1\sim5)\times10^{-4}$ s；对于铝及其合金，最佳脉冲宽度为 $(0.5\sim2)\times10^{-2}$ s；对于钢，最佳脉冲宽度为 $(5\sim8)\times10^{-3}$ s。

6.5　搅拌摩擦焊工艺

6.5.1　搅拌摩擦焊的原理、特点及应用

（1）原理

搅拌摩擦焊是利用搅拌头与母材的摩擦热及搅拌头的顶锻压力进行焊接的一种方法，如

图 6-56 所示。首先，搅拌头高速旋转，搅拌针钻入工件的接缝处，然后搅拌针与接缝处的母材金属摩擦生热，同时轴肩与工件表面摩擦也会产生部分热量，这些热量使搅拌头附近的金属形成热塑性层。搅拌头前进时，搅拌头前面形成的热塑性金属转移到搅拌头后面，填满后面的空隙，形成焊缝。焊缝的形成过程是一个涉及金属挤压、摩擦生热、塑性变形、迁移、扩散、再结晶等的复杂过程。

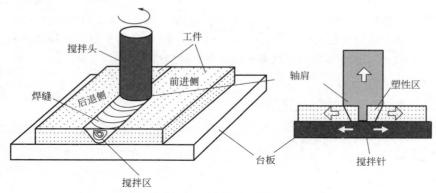

图 6-56　搅拌摩擦焊原理

（2）搅拌摩擦焊的特点

1）优点

① 接头质量高。搅拌摩擦焊属于固相焊接，不会产生与材料熔化和凝固相关的缺陷，如气孔、偏析和夹杂等。接头各个区域的晶粒细小、组织致密、夹杂物弥散分布。接头性能好、质量稳定、可重复性好。

② 生产率高，生产成本低。搅拌摩擦焊无需填充材料和焊剂，也无需保护气体，工件预留余量少，焊前无需特殊清理，也不需要开坡口，焊后接头也无需去飞边，与电弧焊相比，成本可降低 30％左右。

③ 焊接尺寸精度高。由于焊接温度低、焊接变形小，搅拌摩擦焊可以实现高精度焊接。

④ 自动化程度高。整个焊接过程由自动焊机或机器人控制，可以避免因操作人员人为因素造成的缺陷，而且焊接质量不依赖操作人员的技术水平。

⑤ 环境清洁。焊接时不会产生烟尘、弧光辐射以及其他有害物质，因而无需安装排烟、换气装置。

2）缺点

① 目前的搅拌摩擦焊仅适合轻质金属材料（如铝、镁合金等）的对接和搭接焊，对于高强度材料，如钢、钛合金以及粉末冶金材料的焊接尚有困难。

② 焊接设备相对较为复杂，一次性投资较大，只有在大批量生产时才能降低生产成本。搅拌头磨损严重，使用寿命不长。

（3）适用范围

搅拌摩擦焊仅适合塑性好的材料，主要用于铝及铝合金的焊接。其可焊接的接头形式有对接、搭接、角接和 T 形接头，如图 6-57 所示。目前，搅拌摩擦焊主要用在航天航空、高铁、铝制压力容器、游艇制造等行业。

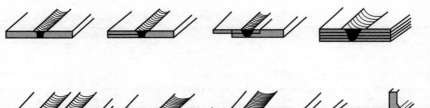

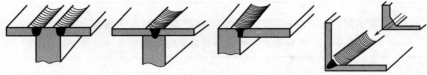

图 6-57　搅拌摩擦焊可用的接头形式

6.5.2　搅拌摩擦焊焊头

图 6-58 为搅拌摩擦焊机焊头的传动原理。焊头主要由主轴电动机、调速器、主轴箱、搅拌头、夹持器部分组成。进行搅拌摩擦焊时，两被焊工件不转动，需要转动的是搅拌头，故实现搅拌头转动的传动机构比较简单。但实现搅拌头相对于工件在 x、y、z 三个坐标方向运行的机构则较为复杂。z 轴的运动为搅拌头提供焊接压力和焊接深度控制，通过改变搅拌头与工件之间的距离可以实现；x、y 轴的运动是使焊机具有直纵缝焊接和平面曲线焊缝焊接的能力，通常借

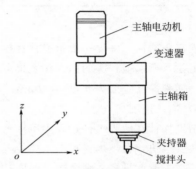

图 6-58　搅拌摩擦焊机焊头的传动原理

助支承搅拌头传动机构的机架与支承并夹紧工件的工作台之间的相对运动来实现。

6.5.3　搅拌摩擦焊焊接参数

搅拌摩擦焊的焊接参数有搅拌头的倾角、旋转速度、焊接速度、插入深度、插入速度、插入停留时间、焊接压力、回抽停留时间和回抽速度等。

1）搅拌头的倾角

搅拌头一般要倾斜一定的角度。其主要目的是减小前行阻力，并使搅拌头肩部的后沿能够对焊缝施加一定的顶锻力。对于厚度 1～6mm 的薄板，搅拌头的倾角通常取 1°～2°（搅拌头指向焊接方向）；对于厚度大于 6mm 的中厚板，一般取 3°～5°。

2）旋转速度

搅拌头的转速是主要焊接参数之一，需要与焊接速度相匹配。对于任意一种母材，一定焊接速度下均存在一个合适的旋转速度范围，在此范围内才能获得高质量的接头。转速过低，摩擦热不足，不能形成良好的热塑性层，焊缝中会形成孔洞缺陷。转速过高，搅拌针附近的母材温度也会过高，高温母材粘连搅拌头，也难以形成良好的接头。

根据搅拌头的旋转速度，搅拌摩擦焊可以分为冷规范、弱规范和强规范。各种铝合金材料焊接规范的分类如表 6-9 所示。

3）焊接速度

焊接速度是指搅拌头与工件之间沿接缝移动的速度，主要根据工件厚度来确定。此外，还须考虑生产效率及搅拌摩擦焊工艺的柔性等因素。

表 6-9　铝合金材料焊接规范的分类

规范类别	搅拌头的旋转速度/(r/min)	适合的铝合金材料
冷规范	<300	2024、2214、2219、2519、2195、7005、7050、7075
弱规范	300~600	2618、6082
强规范	>600	5083、6061、6063

表 6-10 给出了不同厚度铝合金搅拌摩擦焊时的常用焊接速度。

表 6-10　不同厚度铝合金搅拌摩擦焊时的常用焊接速度

板材厚度/mm	焊接速度/(mm/min)	适用材料
1~3	30~2500	5083、6061、6063
3~6	30~1200	6061、6063
6~12	30~800	2219、2195
12~25	20~300	2618、2024、7075
25~50	10~80	2024、7075

4）插入深度

搅拌头的插入深度一般指搅拌针插入被焊材料的深度。但是，考虑到搅拌针的长度一般为固定值，所以搅拌头的插入深度也可以用轴肩后沿低于板材表面的深度来表示。对于薄板材料，插入深度一般为 0.1~0.3mm；对于中厚板材料，此深度一般不超过 0.5mm。

5）插入速度

指搅拌针在插入工件过程中所用的旋转速度，一般根据搅拌针的类型和板厚来选择。若插入速度过快，在被焊材料尚未完全达到热塑性状态的情况下会对设备主轴造成极大的损害；若插入速度过慢，则会造成温度过热而影响焊接质量。

搅拌针为锥形时，插入速度约为 15~30mm/min；搅拌针为柱形时，插入速度应适度降低，约为 5~25mm/min。焊接厚板（>12mm）时，插入速度约为 10~20mm/min；焊接薄板（厚度为 0.8~12mm）时，插入速度约为 15~30mm/min。

6）插入停留时间

指搅拌针插入工件达预定深度后，搅拌头开始横向移动之前的这段时间，一般根据工件材料及板厚来选择。若插入停留时间过短，则焊缝温度尚未达到平衡状态就开始横向移动，易导致隧道形孔洞缺陷；若插入停留时间过长，则被焊材料过热，易导致成分偏聚、焊缝表面渣状物、"S" 形黑线缺陷等。

插入停留时间一般取 5~20s。对于薄板、塑性流动好的材料或者对热敏感材料，插入停留时间宜短一些。

7）焊接压力

指焊接时搅拌头向焊缝施加的轴向顶锻压力，通常根据工件的强度和刚度、搅拌头的形状、搅拌头的压入深度等进行选择。在正常焊接时，焊接压力一般是保持恒定的。

8）回抽停留时间

指搅拌头停止横向移动后，搅拌针开始从工件中抽出之前的停留时间。若此时间过短，在焊接部位的热塑性流动尚未完全达到平衡状态的情况下将会在焊缝尾孔附近出现孔洞；若此时间过长，则焊缝过热易发生成分偏聚，影响焊缝质量。

9）回抽速度

指搅拌针从焊件抽出的速度。其数值主要根据搅拌针的类型及母材厚度来选择。若回抽速度过快，母材上的热塑性金属会随搅拌针回抽而惯性向上运动，从而造成焊缝根部的金属缺失，出现孔洞。

对于锥形搅拌针，回抽速度通常为 15～30mm/min；对于圆柱形搅拌针，回抽速度应适度降低，约为 5～25mm/min。

10）搅拌头的形状

搅拌头的形状对焊缝成形具有很大的影响。厚度小于 12mm 的铝合金一般采用柱状螺纹搅拌头，如图 6-59（a）所示；厚度大于 12mm 的铝合金通常采用锥状螺纹搅拌头或爪状螺纹搅拌头，如图 6-59（b）、（c）所示。后两种搅拌头可用于较大的焊接速度。

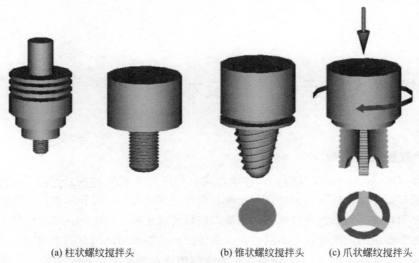

(a) 柱状螺纹搅拌头　　　　(b) 锥状螺纹搅拌头　　(c) 爪状螺纹搅拌头

图 6-59　铝合金搅拌摩擦焊常用的搅拌头

习题

1. 常用的焊接工艺方法中哪些可用于机器人焊接？哪些不能用于机器人焊接？为什么？

2. 点焊机器人的焊接工艺参数有哪些？对焊接质量有何影响？

3. 弧焊机器人最常用的电弧焊工艺方法是什么？为什么这种方法在机器人焊接中应用最广泛？

5. 为什么弧焊机器人一般不用普通的冷丝 TIG 焊工艺？如果要用冷丝 TIG 焊，焊接机器人系统需要满足什么条件？

6. 为什么说 TOP-TIG 焊工艺特别适合机器人焊接？这种工艺方法还有哪些优点？

7. 双丝 GMAW 焊工艺有何优点？为什么双丝 GMAW 焊可在高达 2m/min 的焊接速度下获得良好的焊缝成形，而普通的 GMAW 焊工艺则易出现驼峰缺陷？

8. 什么是 T. I. M. E 高速焊？为什么 T. I. M. E 高速焊可在高达 2m/min 的焊接速度下获得良好的焊缝成形，而普通的 GMAW 焊工艺则易出现驼峰缺陷？

9. 什么是 CMT 电弧焊？有何特点？为什么这种方法可实现零飞溅焊接和钎焊？

10. 机器人激光焊的工艺参数有哪些？对焊缝成形尺寸和质量有何影响？

11. 机器人搅拌摩擦焊的工艺参数有哪些？对焊缝成形尺寸和质量有何影响？

焊接机器人的应用操作技术

7.1 机器人的示教操作技术

7.1.1 示教器及其功能

示教器（teach pendant，TP），又称示教盒，是应用工具软件与用户之间的接口装置。利用示教器可以控制机器人完成特定的运动、执行大多数操作，另外示教器还具有一定的监控及信息显示功能。示教器通过电缆与机器人控制装置连接，在使用它之前必须了解示教器的功能和各个按键的使用方法。不同机器人系统的示教器布局结构有所不同，但其功能基本相同。下面以发那科（FANUC）机器人系统为例阐述示教器的结构及功能。示教器的正面如图 7-1 所示，背面如图 7-2 所示。

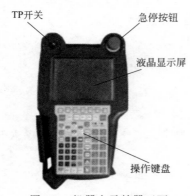

图 7-1　机器人示教器正面

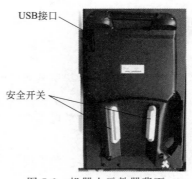

图 7-2　机器人示教器背面

示教器由下列构件构成。

- 640×480 像素的液晶显示屏；
- 两个 LED 指示灯；
- 68 个键控开关（其中 4 个专用于各种应用工具）；
- 示教器开关；
- 安全开关；
- 急停按钮。

示教器主要用于如下操作。

- 机器人的点动进给。
- 程序创建；
- 程序的测试执行；
- 操作执行；
- 状态确认。

7.1.1.1 示教器开关功能

（1）急停按钮

示教器正面右上角的红色按钮为急停按钮，如图7-1所示，用于紧急情况下急停机器人。按下该按钮，各个伺服开关立刻断开，机器人和外部轴的所有运动均立刻停止；同时该按钮自动锁住。危险或报警解除后，顺时针旋转急停按钮，它将自动弹起，解除锁定状态。

（2）安全开关

安全开关位于示教器背面下部，如图7-2所示，用于确保操作者在操作过程中的安全。当TP有效时，轻按一个或两个安全开关，伺服开关合上，可手动操作机器人；当两个开关同时被释放或用力按下时，伺服开关断开，机器人立即停止运动，并发出报警信号。

（3） TP开关

TP开关位于示教器正面左上角，如图7-1所示，用于控制示教器的状态。TP开关拨到"ON"，示教器处于工作状态；TP开关拨到"OFF"，示教器处于无效状态（示教器被锁住，无法使用）。

7.1.1.2 示教器显示屏

（1）显示屏显示窗口

示教器采用了7in的液晶显示屏，其显示窗口显示的内容及含义如图7-3所示。

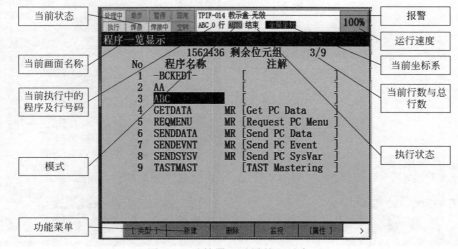

图7-3 示教器显示屏的显示窗口

（2）状态栏

示教器显示窗口的最上面为状态栏，如图 7-4 所示。其中有 8 个用来显示机器人当前工作状态的 LED、报警显示、正在执行的程序及行号显示、工作模式显示、执行状态显示、当前坐标显示及运行速度倍率值显示等。LED 显示的含义如表 7-1 所示。

图 7-4　状态窗口

表 7-1　8 个 LED 显示代表的含义

LED 显示	含　义
处理中	绿色表示机器人正在进行某项作业
单步	黄色表示处在单步执行程序模式
暂停	红色表示已按下 HOLD(暂停)按钮，或者输入 HOLD 信号，处于暂停阶段
异常	红色表示发生异常
执行	绿色表示正在执行程序
焊接	绿色表示开启焊接功能
焊接中	绿色表示正在进行焊接
空转	绿色表示当前处于空转状态

7.1.1.3　示教器 LED 指示灯

示教器有两个 LED 指示灯，如图 7-5 所示（位于键盘区第三行，见图 7-1）。

① POWER（电源指示灯）　灯亮表示控制装置的电源已接通。

② FAULT（报警指示灯）　灯亮表示发生错误报警。

7.1.1.4　示教器操作按键

示教器的操作按键如图 7-6 所示。

图 7-5　LED 指示灯

图 7-6　操作按键

（1）示教器按键功能

示教器各按键的详细功能见表7-2。

表7-2 示教器按键功能

按 键	功 能
F1、F2、F3、F4、F5	功能键，用来选择显示屏最下一行的功能菜单
PREV	返回键，将显示屏界面返回到之前显示的界面
NEXT	翻页键，将功能菜单切换至下一页
SHIFT	SHIFT键与其他按键同时按下，可以进行JOG进给、位置数据的示教、程序的启动等
MENU	菜单键，显示菜单界面
SELECT	一览键，显示程序一览界面
EDIT	编辑键，显示程序编辑界面
DATA	数据键，显示数据界面
FCTN	辅助键，显示辅助功能菜单
DISP/⬚	界面切换键，与SHIFT键同时按下可分割屏幕（单屏、双屏、三屏、状态/单屏）
⬑、⬐、◁、▷	光标移动键，用于移动光标（光标是指可在示教器的显示界面上移动的、反相显示的部分）
RESET	报警消除键，也称复位键
BACK SPACE	删除键，删除光标位置之前的一个字符或数字
ITEM	项目选择键，输入行编号后移动光标
ENTER	确认键，用于确认数值的输入和菜单的选择
WELD ENBL	焊接开关键，单独按下该键将显示测试执行和焊接界面，同时按下该键和SHIFT键可进行焊接功能开启/关闭切换
WIRE＋	手动送丝
WIRE－	手动抽丝
OTF	显示焊接微调整界面
DIAG/HELP	诊断/帮助键，单独按下该键可切换到报警界面，同时按下该键和SHIFT键可显示系统版本
POSN	位置显示键，显示当前机器人所处位置的坐标
I/O	输入/输出键，显示I/O界面
GAS /STATUS	气检/状态键，单独按下此键将显示焊接状态界面，同时按下该键和SHIFT键可进行气检
STEP	程序执行模式切换键。按该键，程序执行模式会在单步行与连续之间切换
HOLD	暂停键，暂停程序的执行
FWD、BWD	前进键、后退键，用于程序的启动（需要同时按下SHIFT键）
COORD	切换坐标系
＋％、－％	倍率键，进行速度倍率的变更
＋X、＋Y、＋Z、－X、－Y、－Z	JOG键，手动移动机器人（需要同时按下SHIFT键）

（2）常用按键功能使用详解

1）F1、F2、F3、F4、F5

F1～F5用于选择显示屏最下方功能菜单中的功能，按顺序与各个功能菜单项一一对应，如图7-7所示。

2）NEXT

翻页键，可将功能菜单切换到下一页，显示下一页功能菜单，如图7-8所示。

3）MENU、SELECT

按下MENU菜单键将显示主菜单界面，如图7-9所示；按下SELECT选择键将显示程序一览界面，如图7-10所示。

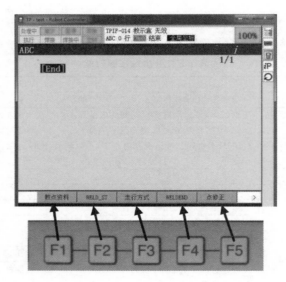

图 7-7　F1～F5 功能键

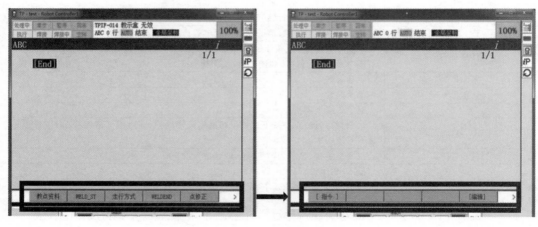

图 7-8　NEXT 翻页键

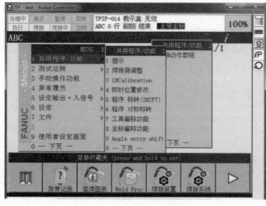

图 7-9　MENU 菜单键

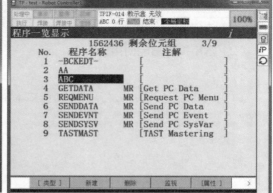

图 7-10　SELECT 选择键

4）DISP/:::

同时按下 DISP/::: 键和 SHIFT 键可以进入分屏操作界面，选择显示界面数量（1～3个），如图 7-11 所示。选择两个界面时，窗口显示如图 7-12 所示；选择三个界面时，窗口显示如图 7-13 所示。

图 7-11　分屏操作界面　　　　　　　图 7-12　双界面显示

5）WELD ENBL

焊接开关键。屏幕左上角的"焊接"
LED 指示灯为黄色时，机器人处于焊接功能
关闭状态；同时按下 WELD ENBL 键和
SHIFT 键后，机器人切换到焊接功能开启
状态，屏幕左上角的"焊接"LED 指示灯变
为绿色，如图 7-14 所示。

6）STEP

程序执行模式切换键。屏幕左上角的
"单步"指示灯为绿色时，处于程序连续执
行模式；按下 STEP 键可切换为程序单步执
行模式，"单步"LED 指示灯变为黄色，如图 7-15 所示。

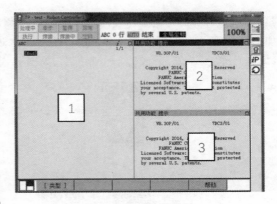

图 7-13　三界面显示

图 7-14　焊接功能切换

7）COORD

坐标系切换键。单击 COORD 键时，依次进行如下切换："JOINT"（关节）→"WORLD"（全局/世界）→"TOOL"（工具）→"USER"（用户）→"JOINT"（关节），如图 7-16 所示。

8）＋％、－％

倍率键，用来进行机器人运行速度倍率的变更。单击＋％键，依次进行如下切换：

第 7 章　焊接机器人的应用操作技术

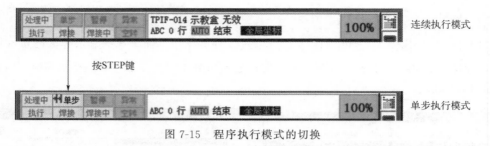

连续执行模式

按STEP键

单步执行模式

图 7-15　程序执行模式的切换

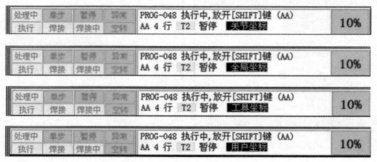

图 7-16　坐标系切换

"VFINE"（微速）→"FINE"（低速）→"1％→2％→3％→4％→5％→10％→15％→100％"，如图 7-17 所示。同时按下＋％＋SHIFT，依次进行如下切换："VFINE"（微速）→"FINE"（低速）→"5％→25％→50％→100％"，如图 7-18 所示。

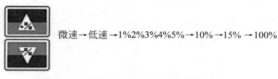

微速→低速→1%2%3%4%5%→10%→15%→100%

图 7-17　单击倍率键时的速度倍率变更

微速→低速→5%→25%→50%→100%

图 7-18　同时按倍率键和 SHIFT 键时的速度倍率变更

7.1.2　程序操作

程序操作主要有程序创建、程序删除和程序复制等。

（1）程序的创建

创建程序首先要确定程序名，然后使用程序名来区别存储在控制系统存储器中的程序。

1）程序名的命名规则

① 在一个控制系统内不能创建两个及以上相同名称的程序；

② 程序名的长度为 1～8 个字符；

③ 字符仅限大写字母或小写字母、数字和__（下划线）；

④ 程序名不能以数字作为首字符；

⑤ 使用 RSR 自动运行程序的情况下，程序名必须取为 RSR*nnnn*（其中，*nnnn* 表示 4 位数，例如 RSR0001），否则，程序就不能运行；

⑥ 使用 PNS 自动运行程序的情况下，程序名必须取为 PNS*nnnn*（其中，*nnnn* 表示 4 位数，例如 PNS0001），否则，程序就不能运行。

2）程序创建步骤

① 按 SELECT 键，进入程序一览主界面，如图 7-19 所示。

② 按 F2 键，打开新建程序窗口，如图 7-20 所示。窗口中弹出 "Alpha Input"（命名方式选择）菜单。

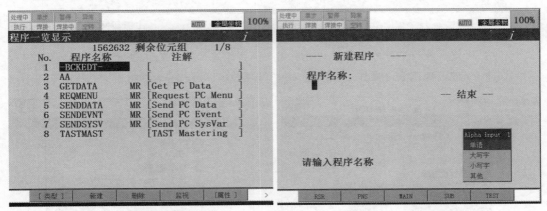

图 7-19　程序一览主界面　　　　　　图 7-20　新建程序窗口

③ 按光标移动键↓，选择命名方式。选中 "大写字" 后，通过按键 F1～F5 选择字母（可通过数字键输入数字），输入程序名 "ABC"，如图 7-21 所示。

④ 程序名输入完成后，按 ENTER 键确认，结束程序名命名，如图 7-22 所示。

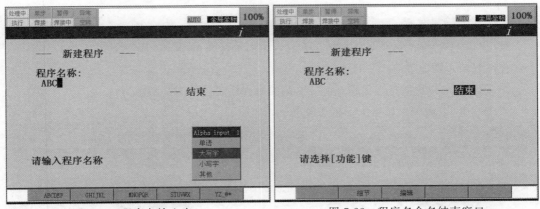

图 7-21　程序名输入窗口　　　　　　图 7-22　程序名命名结束窗口

⑤ 按 F3 键，打开程序编辑窗口，进行程序编写，如图 7-23 所示。

（2）程序的删除

不需要的程序可以删除，但是没有终止的程序是不能删除的，删除前需要终止程序。

程序删除步骤如下。

① 在程序选择页面将光标移至需要删除的程序 "ABC"，如图 7-24 所示。

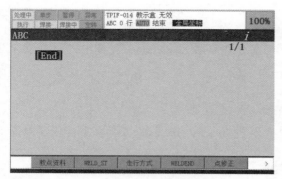

图 7-23 程序编辑窗口

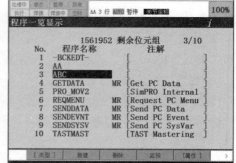

图 7-24 选中要删除的程序

② 按 F3 键，执行删除操作，系统提示用户是否删除，如图 7-25 所示。

③ 按 F4 键，确认删除操作，程序"ABC"即删除，如图 7-26 所示。

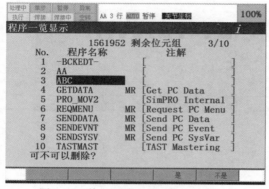

图 7-25 执行删除操作后显示的窗口

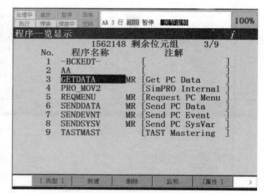

图 7-26 确认删除后显示的窗口

（3）程序的复制

可以将一个程序的内容复制到另一个具有不同名称的程序。

程序复制步骤如下。

① 在程序选择页面将光标移至需要复制的原程序名，如图 7-27 所示。

② 按 NEXT 键翻页显示下一页功能菜单，如图 7-28 所示。

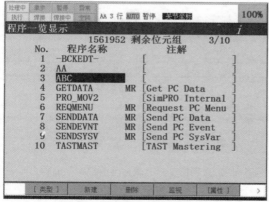

图 7-27 选中要复制的程序

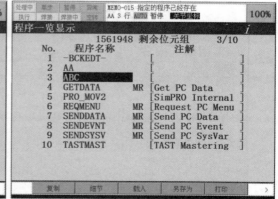

图 7-28 显示下一页功能菜单

③ 按 F1 键，复制原程序"ABC"到粘贴板并新建一个程序名"ABC1"，如图 7-29 所示。

④ 按 ENTER 键，打开复制确认窗口，如图 7-30 所示。

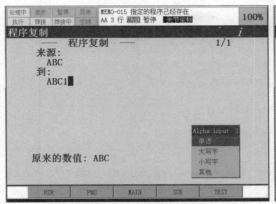 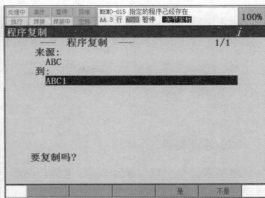

图 7-29　复制原程序并新建目标程序的程序名　　　　图 7-30　复制确认窗口

⑤ 按 F4 键选择"是"，确认幅值，程序一览显示窗口中显示出的程序增加了目标程序名"ABC1"，程序"ABC"的内容即完全复制到了程序"ABC1"，如图 7-31 所示。

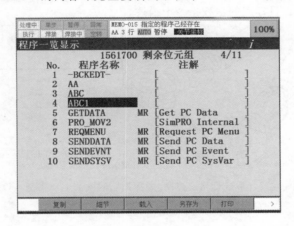

图 7-31　完成复制后程序一览显示窗口中增加了目标程序 ABC1

7.1.3　常用编程指令

机器人示教编程过程中最常用到的编程指令有动作指令、电弧指令、摆焊指令等。

7.1.3.1　动作指令

所谓动作指令，是指以指定的移动方法和移动速度使机器人向作业空间内目标位置移动的指令，如图 7-32 所示。

动作指令中指定的内容有运动类型（移动方式）、位置数据（对机器人将要移动的位置进行示教）、移动速度（指定机器人的移动速度）、终止类型（指定是否在指定位置定位）、附加动作指令（指定在动作中执行的附加指令）。

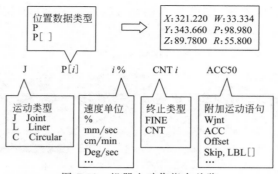

图 7-32　机器人动作指令总览

（1）运动类型

运动类型有不进行轨迹控制/姿势控制的关节运动（J）、进行轨迹控制/姿势控制的直线运动（L）和圆弧运动（C）。

1）关节运动（J）

不进行轨迹控制/姿势控制的关节运动（J）是机器人在两个指定的点之间任意运动，移动中不控制末端执行器的轨迹和姿势，如图 7-33 所示。关节移动速度用相对最大移动速度的百分比来描述，单位为％。

运动类型及速度在目标点的示教指令中描述。

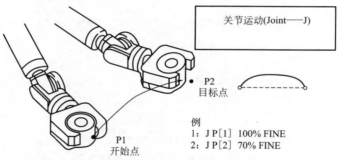

图 7-33　不进行轨迹控制/姿势控制的关节运动类型（J）

2）直线运动（L）

直线运动（L）是机器人以直线轨迹从开始点移动至目标点的一种运动方式，如图 7-34 所示。运动速度在目标点的示教指令中描述。直线运动速度的可选单位有 mm/sec、cm/min、inch/min 或 inch/sec。

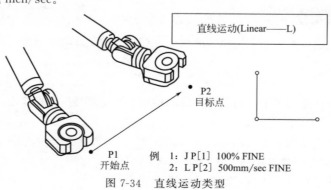

图 7-34　直线运动类型

3）圆弧运动（C）

圆弧运动（C）是机器人以圆弧方式依次经三个指定点的一种运动方式，三个点分别称为开始点、经由点和目标点，如图 7-35 所示。经由点和目标点共用一条示教指令，在该指令中对运动类型及速度进行描述。圆弧运动速度的可选单位为 mm/sec、cm/min、inch/min 和 inch/sec。

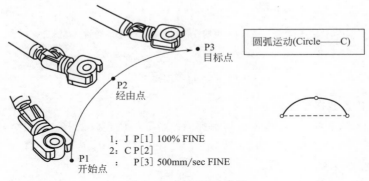

图 7-35　圆弧运动类型

运动类型切换步骤如下。

① 按光标移动键⇦、⇨，将光标移动至动作指令的动作类型上。图 7-36 中的当前动作类型为 L（直线运动）。

② 首先按 F4 键，选中"选择"功能，弹出动作选择（动作文 修正）菜单，如图 7-37 所示；然后按光标移动键⇧、⇩选择动作方式"关节"（J）。

③ 按 ENTER 键确认后完成动作方式的修改，如图 7-38 所示。

（2）位置数据

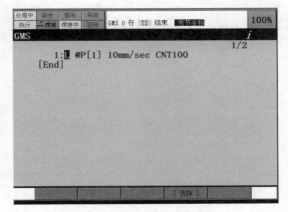

图 7-36　光标移动至动作类型

在对动作指令进行示教时，位置数据被自动写入程序。位置数据包含位置和姿势两种数据。

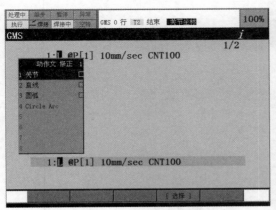

图 7-37　动作选择菜单

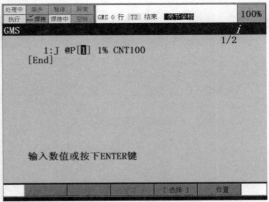

图 7-38　修改后显示的动作指令

① 位置（X，Y，Z） 以三维坐标值来表示笛卡尔坐标系中的工具尖点（工具坐标系原点）位置。

② 姿势（W，P，R） 用笛卡尔坐标系中相对于 X、Y、Z 轴的三个旋转角来表示。

在动作指令中，位置数据以位置变量（$P[i]$）或位置寄存器（$PR[i]$）来表示。标准设定下使用位置变量，位置变量与位置寄存器的对比如图 7-39 所示。

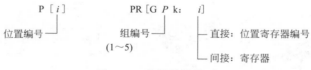

图 7-39　位置数据类型

查看/修改位置数据步骤如下。

① 按光标移动键⇦、⇨，将光标移动到动作指令的位置数据上，如图 7-40 所示。

② 按 F5 键，选中"位置"功能，显示（X、Y、Z）及（W、P、R）世界坐标系下的位置数据，如图 7-41 所示。

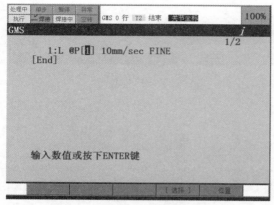

图 7-40　光标移动到动作指令的位置数据上

图 7-41　显示（X、Y、Z）及（W、P、R）世界坐标系下的位置数据

③ 先按 F5 键，选中"形式"功能，弹出形式菜单，然后按光标移动键⇧、⇩选择关节并按 ENTER 键确定，如图 7-42 所示。

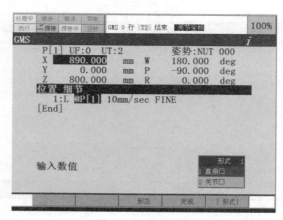

图 7-42　形式菜单

④ 窗口显示关节坐标系 J1、J2、J3 及 J4、J5、J6 下的位置数据，如图 7-43 所示。

⑤ 如需修改坐标值，将光标移动到相应的数值上，输入新的数值并按 ENTER 键确认即可。

⑥ 查看或修改完毕后按 PREV 键退出，返回到动作指令显示窗口，如图 7-44 所示。

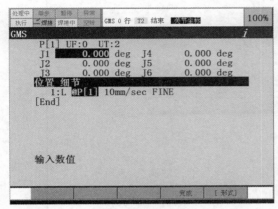 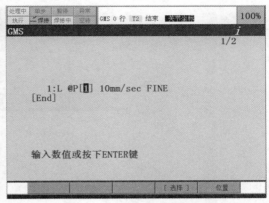

图 7-43　窗口显示关节坐标系 J1、J2、J3 及　　　　图 7-44　返回到动作指令显示窗口
　　　　　J4、J5、J6 下的位置数据

（3）移动速度

可在动作指令的移动速度位置设定或修改机器人的移动速度。在程序执行过程中，移动速度受到速度倍率的限制。速度倍率值的可选范围为 1%～100%。对于不同的动作类型，移动速度可选用的单位不同。示教时设定的移动速度不得超出机器人的允许值。设定的速度超出允许值范围时，系统将发出报警。

① 动作类型为关节动作的情况下，移动速度可选用的单位如下。

a. 相对最大移动速度的百分比，范围为 1%～100%。

b. sec（秒），在 0.1～3200sec 范围内指定移动所需时间。移动时间较为重要的情况下才用 sec 作单位。有些情况下的动作速度不能用 sec 作单位。

c. msec（毫秒），在 1～32000msec 范围内指定移动所需时间。

② 动作类型为直线动作或圆弧动作的情况下，移动速度可选用的单位如下。

a. mm/sec，范围为 1～2000mm/sec。

b. cm/min，范围为 1～12000cm/sec。

c. inch/min，范围为 0.1～4724.4inch/min。

d. sec，在 0.1～3200sec 范围内指定移动所需时间。

e. msec，在 1～32000msec 范围内指定移动所需时间。

③ 移动方法为在工具尖点周围旋转移动的情况下，移动速度可选用的单位如下。

a. deg/sec，范围为 1～272deg/sec。

b. sec，在 0.1～3200sec 范围内指定移动所需时间。

c. msec，在 1～32000msec 范围内指定移动所需时间。

移动速度单位切换步骤如下。

① 按光标移动键⇦、⇨，将光标移动到动作指令的移动速度位置上，如图 7-45 所示。

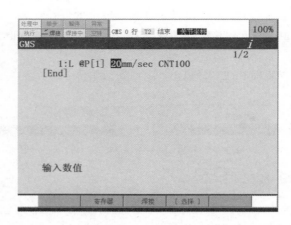

图 7-45　光标移动到动作指令的移动速度位置

② 按 F4 键，选中"选择"功能，弹出速度单位选择菜单，如图 7-46 所示。

③ 按光标移动键 ⇧、⇩ 选择要设定的单位，并按 ENTER 键确认，结果如图 7-47 所示。

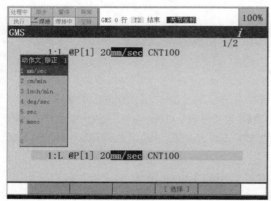

图 7-46　速度单位选择菜单　　　　　　图 7-47　修改后的显示窗口

（4）终止类型

终止类型定义了动作指令中的机器人动作结束方法。终止类型有以下两种。

① FINE 定位类型　机器人在目标位置停止（定位）后，再向着下一个目标位置移动。

② CNT 定位类型　机器人靠近目标位置，但不在该位置停止，而是通过圆滑过渡的方式向着下一个目标位置移动。

机器人与目标位置的接近程度用 0～100 范围内的值来定义。定义为 0（CNT0）时，机器人在最靠近目标点的位置处动作，但不在目标点定位而直接向下一个点运动；定义为 100（CNT100）时，机器人在目标点附近不减速而直接向着下一个点运动，其轨迹离目标点的距离最远，如图 7-48 所示。

定位类型切换步骤如下。

① 按光标移动键 ⇦、⇨，将光标移动到动作指令的定位类型上，如图 7-49 所示。

② 按 F4 键，选中"选择"功能，弹出终止类型选择菜单，利用光标移动键 ⇧、⇩ 将光标移动至期望的终止类型上，如图 7-50 所示。

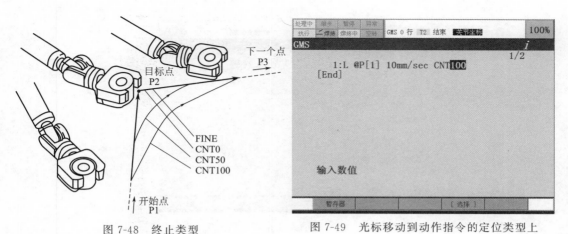

图 7-48　终止类型

图 7-49　光标移动到动作指令的定位类型上

③ 按下 ENTER 键确认，动作指令的定位类型被修改，如图 7-51 所示。

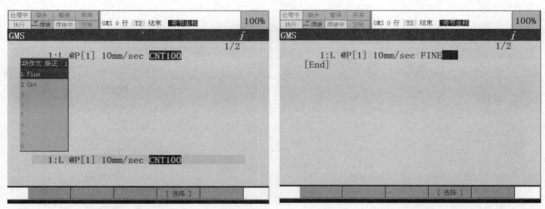

图 7-50　在终止类型选择菜单中选择终止类型

图 7-51　定位类型被修改后的动作指令

（5）动作附加指令

动作附加指令是使机器人在动作过程中执行特定作业的指令。常用的动作附加指令有：

- 机械手腕关节动作指令（Wjnt）；
- 加减速倍率指令（ACC）；
- 跳过指令（Skip，LBL $[i]$）；
- 位置补偿指令（Offset）；
- 工具补偿指令（Tool_Offset）；
- 直接工具补偿指令（Tool_Offset，PR $[i]$）；
- 路径指令（PTH）；
- 附加轴速度指令（同步）（EV i%）；
- 直接位置补偿指令（Offset，PR $[i]$）；
- 附加轴速度指令（非同步）（Ind. EV i%）；
- 预先执行指令（TIME BEFORE/TIME AFTER）。

动作附加指令添加步骤如下。

① 按光标移动键⇦、⇨，将光标移动到动作指令后的空白处，如图 7-52 所示。

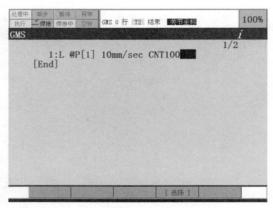

图 7-52　光标移动到动作指令后的空白处

② 按 F4 键，选中"选择"功能，弹出动作附加指令选择菜单，利用光标移动键⇦、⇨、⇧、⇩移动光标至期望的动作附加指令上，如图 7-53 所示。

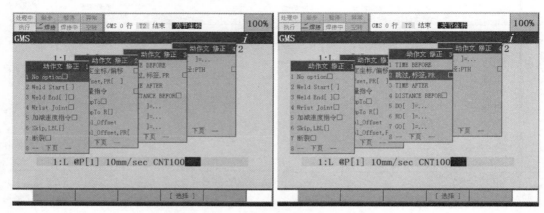

图 7-53　在动作附加指令选择菜单中选择期望的附加指令

③ 按 ENTER 键确认。

7.1.3.2　电弧指令

电弧指令包括弧焊开始（起弧）指令和弧焊结束（熄弧）指令。机器人执行弧焊开始（起弧）指令时开始焊接，执行弧焊结束（熄弧）指令时停止焊接，而且这两条指令之间所示教的所有动作均被执行。

（1）弧焊开始指令（起弧指令）

弧焊开始指令（起弧指令）是指示机器人起弧焊接的指令。弧焊开始指令有以下两种形式。

1）Weld Start $[i, j]$

Weld Start $[i, j]$ 指令指示机器人调用储存的焊接条件（工艺参数）进行起弧焊接。这些焊接条件可在弧焊方式资料窗口中查询，如图 7-54 所示。该指令中 i 为焊接方式，j 为系统中储存的焊接条件的编号。

例如 Weld Start $[1, 1]$，第一个 1 代表焊接方式 1，第二个 1 代表焊接条件 Schedule 1（电压 20V，电流 200A）。

2）Weld Start［i，V，A，…］

Weld Start［i，V，A，…］指令指示机器人利用本指令中直接设定的电弧电压和焊接电流（或送丝速度）起弧焊接，不调用储存的焊接条件，如图 7-55 所示。其中可设定的焊接条件（工艺参数）取决于具体的焊接方法。

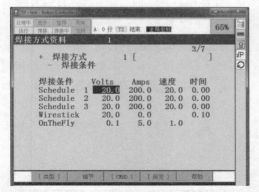

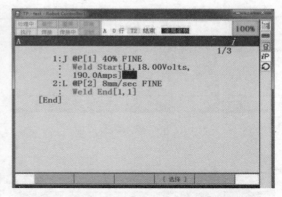

图 7-54　Weld Start［i，j］可调用的焊接条件　　　图 7-55　Weld Start［i，V，A，…］焊接指令

例如 Weld Start［1，18.0V，190.0A］，1 代表焊接方式 1，18V 指电弧电压，190.0A 指焊接电流。

（2）弧焊结束指令（熄弧指令）

弧焊结束指令（熄弧指令）是指示机器人结束弧焊的指令。弧焊结束指令有以下两种形式。

1）Weld End［i，j］

Weld End［i，j］指令指示机器人调用储存在系统中的熄弧参数进行熄弧，结束弧焊过程。该指令中 i 为焊接方式，j 为系统中储存的熄弧参数的编号。

如果直接切断焊接电流而熄弧，电弧正下方的弧坑来不及填满，焊缝的熄弧部位会形成弧坑。机器人的熄弧处理功能可用来避免弧坑出现。不进行熄弧处理时，必须在焊接条件中设定（处理时间＝0）。

2）Weld End［i，V，A，s］

Weld End［i，V，A，s］指令指示机器人按照本指令中指定的工艺条件进行熄弧。该指令直接输入熄弧电压、熄弧电流（或金属线进给速度）和熄弧时间，如图 7-56 所示。所指定的熄弧工艺条件取决于具体的焊接方法。

图 7-56　Weld End［i，V，A，s］指令

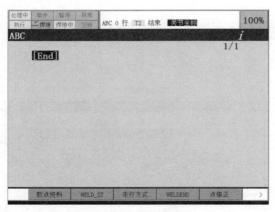

图 7-57 进入编程界面

例如 Weld End [1, 10.0V, 100.0A, 0.5s]，1 代表焊接方式 1，10V 指熄弧电压，100A 指熄弧电流，0.5s 指熄弧时间。

电弧指令示教步骤如下。

① 选中新建立的程序，按 ENTER 键进入编程界面，如图 7-57 所示。

② 按 F2 键，选中"WELD-ST"功能，弹出标准起弧指令选择菜单，利用光标移动键⇧、⇩移动光标至期望的标准起弧指令上，如图 7-58 所示。

③ 按 ENTER 键后程序编辑窗口中显示选中的指令，如图 7-59 所示。

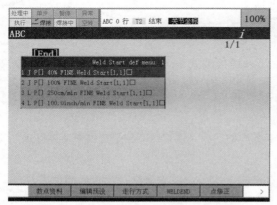

图 7-58 利用光标移动键⇧、⇩移动光标
至期望的标准起弧指令上

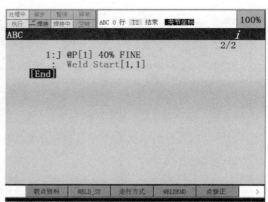

图 7-59 程序编辑窗口中显示选中的指令

注意事项如下：

- 在移动到弧焊开始点的动作指令中，终止类型必须使用 FINE；
- 在移动到弧焊路径点、结束点的动作指令中，请勿使用关节动作 J；
- 在移动到弧焊结束点的动作指令中，终止类型必须使用 FINE；
- 焊枪与工件之间的夹角应设置为正确的值。

7.1.3.3 摆焊指令

摆焊指令是使机器人执行焊枪摆动动作的指令，在执行摆焊开始指令与摆焊结束指令之间所有示教动作的同时进行焊枪摆动。摆焊指令分为摆动开始指令（指示开始摆动的指令）和摆动结束指令（指示摆动动作结束的指令）。

（1）摆动开始指令

摆动开始指令是指示机器人开始执行摆动焊接的指令。摆动开始指令中有以下两种指令。

1）Weave（模式）[i]

Weave（模式）[i] 指令指示机器人以指定模式，调用系统中储存的横摆条件开始横摆，如图 7-60 所示。

例如 Weave Sine［1］指令的含义是：摆动模式为正弦，调用摆动条件 1。

2）Weave（模式）［Hz，mm ，s，s］

Weave（模式）［Hz ，mm，s，s］指令指示机器人按照本指令规定的模式和设定的横摆条件开始进行摆动。该指令中可设定的横摆条件有频率、振幅、左停止时间、右停止时间等，如图 7-61 所示。各个参数值均需在规定的范围内设定。

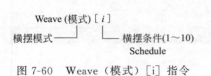

横摆模式———— └—— 横摆条件（1~10）
　　　　　　　　　　Schedule

图 7-60　Weave（模式）［i］指令

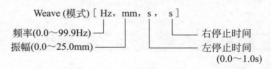

图 7-61　Weave（模式）［Hz，mm ，s，s］指令

例如 Weave Sine［5.0Hz，20.0mm，1.0s，1.0s］指令的含义是：摆动模式为正弦，指令设定的摆动频率为 5Hz，摆幅为 20mm，左右端点各停留 1.0s。

（2）摆动结束指令

摆动结束指令是指示机器人结束摆动的指令。摆焊结束指令有 Weave End 和 Weave End ［i］两种。

1）Weave End

Weave End 指令指示机器人结束正在执行的所有横摆。

2）Weave End［i］

Weave End［i］指令用于程序控制的动作组不少于两个且程序中存在多个 Weave（模式）［i］指令的情况。

通过在 Weave End［i］指令中指定和 Weave（模式）［i］指令相同的横摆条件，可结束由该横摆条件控制的横摆。

添加摆焊指令示教步骤如下。

① 选中新建立的程序，按 ENTER 键进入编程界面，如图 7-62 所示。

② 按 NEXT 键，功能菜单翻页，显示指令菜单项，如图 7-63 所示。

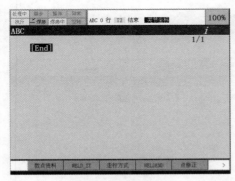

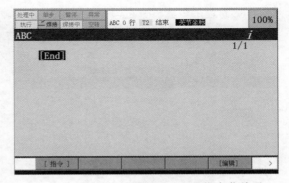

图 7-62　编程界面　　　　　　　　图 7-63　按 NEXT 键翻页显示出指令菜单项

③ 按 F1 键，选中"指令"功能，弹出多个指令选择菜单，如图 7-64 所示。

④ 利用光标移动键⇦、⇨、⇧、⇩将光标移动至"Weave"摆焊指令，按 ENTER 键确认选中"Weave"摆焊指令，如图 7-65 所示。

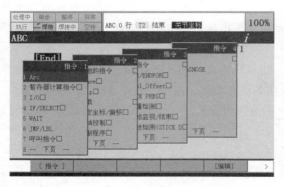

图 7-64 按 F1 键弹出多个指令选择菜单

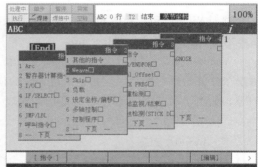

图 7-65 选中 "Weave" 摆焊指令

⑤ 窗口弹出摆焊指令菜单，移动光标选择需要添加的指令，按 ENTER 键确认，如图 7-66 所示。

⑥ 编辑窗口中显示摆焊指令，将光标移至指令上的参数设定位置，如图 7-67 所示。

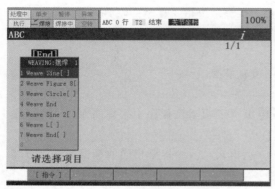

图 7-66 摆焊指令菜单

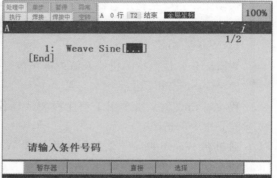

图 7-67 光标移至摆焊指令的参数设置位置

⑦ 输入条件号 1，按 ENTER 键确认，如图 7-68 所示。

⑧ 或者在步骤⑥中按 F3 键，选中直接输入参数模式，然后输入各个摆动参数，如图 7-69 所示。

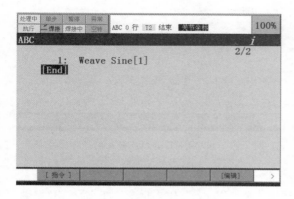

图 7-68 输入摆动条件号

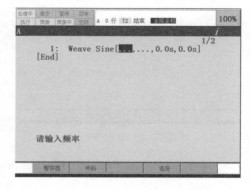

图 7-69 直接输入摆动参数

7.1.4 焊接机器人示教

（1）示教点的创建

示教点创建步骤如下。

① 在程序编辑界面（图 7-70）下，将机器人移动到指定目标位置。

② 按 F1 键，选中示教点资料功能，弹出标准动作目录菜单栏，将光标移至期望的标准动作指令上，如图 7-71 所示。

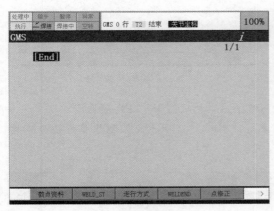

图 7-70　程序编辑界面

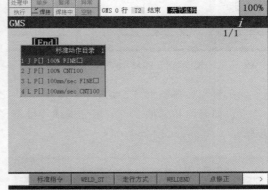

图 7-71　将光标移至期望的标准动作指令上

③ 按 ENTER 键确认后，窗口中显示添加的指令，如图 7-72 所示。若标准指令中没有完全满足要求的指令，可选择一个相近的标准指令，然后进行修改，也可添加完所有指令后再进行修改。

④ 移动机器人至下一目标位置，重复上述步骤，添加其他示教点。

（2）示教点的删除、插入

示教过程中有时需要删除除安全点外的多余示教点，这样可以节省运行时间，提高效率。

1）示教点的删除步骤

① 将光标移动到想要删除的动作指令之前的行号码上，如图 7-73 所示。

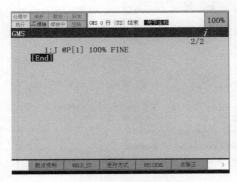

图 7-72　添加了示教点的编辑窗口

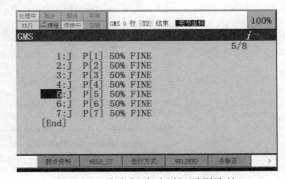

图 7-73　将光标移动到想要删除的
动作指令之前的行号码上

② 按 NEXT 键，使功能菜单翻页，显示"编辑"菜单项目，如图 7-74 所示。

③ 按 F5 键，选中"编辑"功能，弹出"编辑"菜单，如图 7-75 所示。

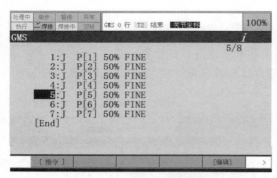

图 7-74　按 NEXT 键显示"编辑"菜单项目

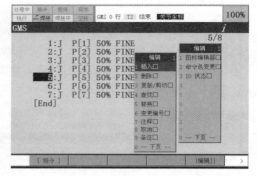

图 7-75　编辑菜单（1）

④ 将光标移动到"2 删除"菜单项，如图 7-76 所示，然后按 ENTER 键确认。

⑤ 如删除相邻的多行，用 ⇧ 键或 ⇩ 键选择多行，如图 7-77 所示；如删除单行请忽略此步骤。

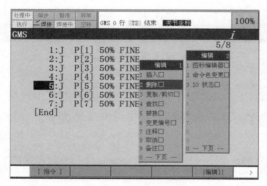

图 7-76　将光标移动到"2 删除"菜单项

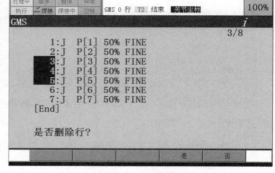

图 7-77　选择多行

⑥ 按 F4 键，选中"是"，确认删除，删除的指令从编辑窗口中消失，如图 7-78 所示。

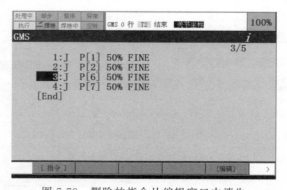

图 7-78　删除的指令从编辑窗口中消失

程序中需要插入示教点时不能直接插入，如果直接添加示教点，新的动作指令会覆盖光标所在位置的原指令。需要先插入空白行再添加指令。

2）空白行的插入步骤

① 将光标移动到空白行插入位置的下一行，如图 7-79 所示。

② 按 NEXT 键，使功能菜单翻页；按 F5 键，选中"编辑"功能，弹出编辑菜单栏，将光标移动到"1 插入"菜单项，如图 7-80 所示。

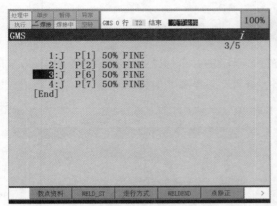

图 7-79　移动光标至插入位置的下一行

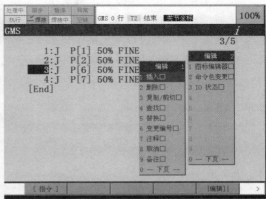

图 7-80　将光标移动到"1 插入"菜单项

③ 按 ENTER 键，窗口中弹出对话框"插入多少行?:"，如图 7-81 所示。

④ 输入要插入的空白行数，如图 7-82 所示。

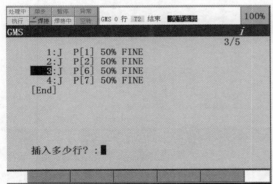

图 7-81　显示"插入多少行"　　　　　　图 7-82　输入行数

⑤ 按 ENTER 键确认，插入空白行，结果如图 7-83 所示。

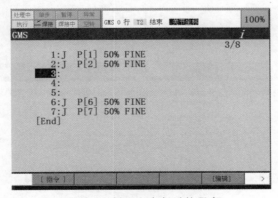

图 7-83　插入空白行后的程序

（3）示教点的复制、剪切及粘贴

示教点的粘贴方式有以下三种。

逻辑：不粘贴位置信息，只粘贴程序指令；

位置 ID：粘贴位置信息和位置号；

位置数据：粘贴位置信息，但不粘贴位置号。

示教点的复制/剪切及粘贴步骤如下。

① 将光标移动到需要复制/剪切的指令之前的行号码上，如图 7-84 所示。

② 按 NEXT 键，使功能菜单翻页，显示出"编辑"菜单项，如图 7-85 所示。

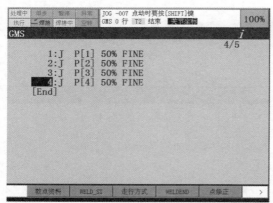

图 7-84　光标移动到需要复制/剪切的
指令之前的行号码上

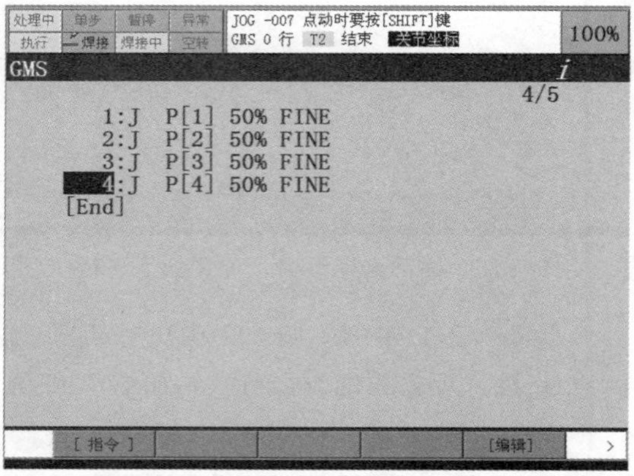

图 7-85　翻页显示出编辑菜单项

③ 按 F5 键，选中"编辑"功能，弹出"编辑"菜单，如图 7-86 所示。

④ 在"编辑"菜单中选择"复制/剪切"菜单项，如图 7-87 所示。

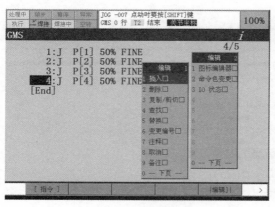

图 7-86　编辑菜单（2）

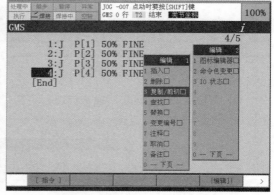

图 7-87　在"编辑"菜单中选择
"复制/剪切"菜单项

⑤ 按 ENTER 键确认，功能菜单中显示"选择"菜单项，如图 7-88 所示；按 F2 键，选中"选择"功能。

⑥ 通过上下移动光标来选择一行或多行。这时功能菜单栏中显示"复制"、"剪切"等菜单项目，如图 7-89 所示。按 F2 或 F3 键，进行复制或剪切，将选中的指令复制到粘贴板上。

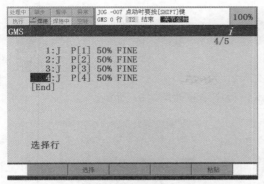

图 7-88 功能菜单栏中显示 "选择" 菜单项

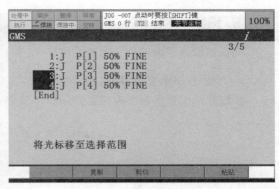

图 7-89 选中两行

⑦ 功能菜单栏显示 "选择" 和 "粘贴" 菜单项,如图 7-90 所示;按 F5 键,选中 "粘贴" 功能。

⑧ 移动光标到需要粘贴位置的下一行指令之前的行号码上,如图 7-91 所示;按 F2 或 F3 或 F4 键,进行粘贴。

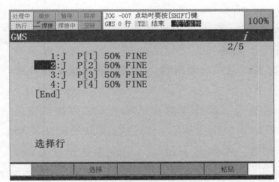

图 7-90 复制到粘贴板上后功能菜单栏中
显示 "选择" 和 "粘贴" 菜单项

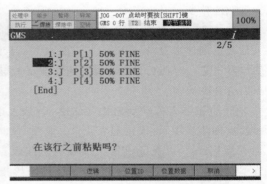

图 7-91 移动光标到需要粘贴位置的
下一行指令之前的行号码上

⑨ 完成粘贴后的窗口显示如图 7-92 所示。

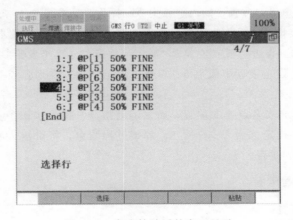

图 7-92 完成粘贴后的窗口显示

第 7 章 焊接机器人的应用操作技术

7.1.5 编程示例

（1）直焊缝编程示例（参看二维码-视频）

1）示例：单条直线焊缝（摆动焊接）

直线焊缝编程示教参考位置点如图 7-93 所示，程序编写如图 7-94 所示。

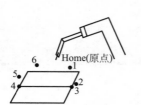

图 7-93　直线焊缝编程示教参考位置点

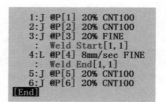

```
1:J @P[1] 20% CNT100
2:J @P[2] 20% CNT100
3:J @P[3] 20% FINE
 :  Weld Start[1,1]
4:L @P[4] 8mm/sec FINE
 :  Weld End[1,1]
5:J @P[5] 20% CNT100
6:J @P[6] 20% CNT100
[End]
```

图 7-94　单条直线焊缝编程指令

2）编程详解

① 将机器人移动到安全点 1 的位置，插入运动指令（操作步骤参见 7.1.4 节焊接机器人示教点创建步骤），设定机器人安全点 1。安全点应尽可能远离工件或工装，处在一个较为安全的位置，以免影响工件装夹与拆卸。

② 将机器人移动到接近起弧点位置 2，插入运动指令（操作步骤参见 7.1.4 节焊接机器人示教点创建步骤），设定接近起弧点 2。从安全点到起弧点之间的路径上，在接近起弧点的位置设定一个接近点，若设定的安全点 1 与起弧点之间有障碍物，可在两者之间多设几个点以避开障碍物。

③ 将机器人移动到起弧点位置 3，插入运动指令（操作步骤参见 7.1.4 节焊接机器人示教点创建步骤），设定起弧点 3。如图 7-94 中第 3 条指令所示，到达起弧点的终止类型必须为 FINE，以保证机器人准确到达起弧点位置，添加起弧指令（操作步骤参见 7.1.3 节添加弧焊开始指令示教步骤）、摆动开始指令（操作步骤参见 7.1.3 节添加摆焊指令示教步骤）。

④ 将机器人移动到熄弧点位置 4，插入运动指令（操作步骤参见 7.1.4 节焊接机器人示教点创建步骤），设定熄弧点 4。如图 7-94 中第 4 条指令所示，在直线焊缝上的运动类型必须为 L，以保证机器人的运行轨迹与焊缝一致、且到达熄弧点的终止类型必须为 FINE，以保证机器人准确到达熄弧点位置，插入熄弧指令（操作步骤参见 7.1.3 节添加弧焊结束指令示教步骤）、摆动结束指令（操作步骤参见 7.1.3 节添加摆焊指令示教步骤）。

⑤ 将机器人移动到接近熄弧点位置 5，插入运动指令（操作步骤参见 7.1.4 节焊接机器人示教点创建步骤），设定接近熄弧点 5。焊接过程结束后，在熄弧点和安全点之间设定一个点以避开障碍物。

⑥ 将机器人移动到安全点 6 的位置，插入运动指令（操作步骤参见 7.1.4 节焊接机器人示教点创建步骤），设定机器人安全点 6。焊接过程结束，将机器人移至安全位置，以免影响工件的装夹与拆卸过程。

（2）圆弧焊缝编程示例

1）示例：圆弧焊缝

圆弧焊缝编程示教参考位置点如图 7-95 所示，程序编写如图 7-96 所示。

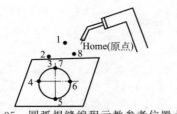

图 7-95 圆弧焊缝编程示教参考位置点

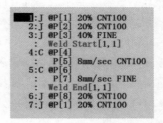

图 7-96 圆弧焊缝编程指令

2）编程详解

① 将机器人移动到安全点 1 的位置，插入运动指令（操作步骤参见 7.1.4 节焊接机器人示教点创建步骤），设定机器人安全点 1。安全点应尽可能远离工件或工装，处在一个较为安全的位置，以免影响工件的装夹或拆卸上下料。

② 将机器人移动到接近起弧点位置 2，插入运动指令（操作步骤参见 7.1.4 节焊接机器人示教点创建步骤），设定接近起弧点 2。从安全点到起弧点之间的路径上，在接近起弧点的位置上设定一个接近点，若设定的安全点 1 与起弧点之间有障碍物，可在两者之间多设几个点以避开障碍物。

③ 将机器人移动到起弧点位置 3，插入运动指令（操作步骤参见 7.1.4 节焊接机器人示教点创建步骤），设定起弧点 3。如图 7-96 中第 3 条指令所示，到达起弧点的终止类型必须为 FINE，以保证机器人准确到达起弧点位置，添加起弧指令（操作步骤参见 7.1.3 节添加弧焊开始指令示教步骤）。

④ 将机器人移动到第一段圆弧的中间点位置 4 和终点位置 5，插入运动指令（操作步骤参见 7.1.4 节焊接机器人示教点创建步骤），设定第一段圆弧的中间点 4 和终点 5。起弧点 3 为第一段圆弧的起点，插入圆弧指令；设定第一段圆弧的中间点 4 和终点 5，终止类型必须为 CNT，使机器人平滑过渡。

⑤ 将机器人移动到第二段圆弧的中间点位置 6 和终点位置 7，插入运动指令（操作步骤参见 7.1.4 节焊接机器人示教点创建步骤），设定第二段圆弧的中间点 6 和终点 7。第一段圆弧的终点即为第二段圆弧的起点，插入圆弧指令；设定第二段圆弧的中间点 6 和终点 7，终点 7 即为焊接熄弧点，熄弧点的终止类型必须为 FINE，添加熄弧指令（操作步骤参见 7.1.3 节添加弧焊结束指令示教步骤）。

⑥ 将机器人移动到接近熄弧点位置 8，插入运动指令（操作步骤参见 7.1.4 节焊接机器人示教点创建步骤），设定接近熄弧点 8。待焊接过程结束以后，在熄弧点和安全点之间设定一个点以避开障碍物。

⑦ 将机器人移动到安全点 1 的位置，插入运动指令（操作步骤参见 7.1.4 节焊接机器人示教点创建步骤），设定机器人安全点 1。焊接过程结束后，将机器人移至安全位置，防止影响工件的装夹和拆卸。

7.1.6　程序运行模式

程序编写完毕并确认无误后，可以执行手动操作或自动执行程序。

（1）手动执行模式

手动执行程序步骤如下。

① 握住示教器，将示教器的 TP 开关置于"ON"。

② 将程序执行模式切换为连续。按下 STEP 键，使得示教器上的"单步"LED 指示灯由黄色变为绿色（即连续模式）。

③ 按下倍率键，将速度倍率设置为 100%。

④ 将焊接状态设置为有效。在按住 SHIFT 键的同时按下 WELD ENBL 键，示教器上的"焊接"LED 指示灯由黄色变为绿色（即焊接打开）。

⑤ 向前执行程序。按 SELECT 键，进入程序一览主界面，选中要执行的程序；按 EN-TER 键，进入程序；将光标移至程序第一行的最左端，轻按背部一侧安全开关；在按住 SHIFT 键的同时按下 FWD 键，向前执行程序。

（2）自动执行模式

自动执行程序步骤如下。

① 在所要执行的程序界面将光标移至第一行程序的最左端，然后执行手动执行程序步骤中的第②～④步。

② 将示教器的 TP 开关置于"OFF"，并将控制柜操作面板的模式选择开关置于"AU-TO"，如图 7-97 所示。

③ 按下 RESET 键清除示教器报警后，按下外部自动启动按钮，程序自动执行。

④ 如未自动执行程序，示教器屏幕显示如图 7-98 所示，选择"是"，按下 ENTER 键，然后再次按下外部自动启动按钮，程序将自动执行。

图 7-97　控制柜操作面板的模式选择开关

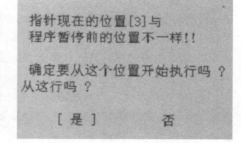

图 7-98　不能自动执行程序时示教器屏幕上的提示

7.2　机器人离线编程技术

机器人离线编程就是先利用计算机图形学，建立机器人及其工作环境的几何模型；再利用一些规划算法，通过对图形的控制和操作，在离线的情况下进行轨迹规划；然后通过对规划的轨迹进行三维图形动画仿真，以检验编程的正确性；最后将生成的代码传到机器人控制器，以控制机器人运动，完成给定任务。离线编程过程如图 7-99 所示。机器人离线编程软件界面如图 7-100 所示。

除了基本的编程及仿真外，通过离线编程还可实现焊接顺序优化、可达性验证（图 7-101）以及生产节拍估算（图 7-102）。

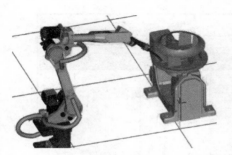
(a) 设备整体方案

(b) 指定焊接轨迹

(c) 程序自动生成

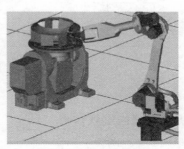
(d) 仿真并确认机器人轨迹

图 7-99 离线编程过程

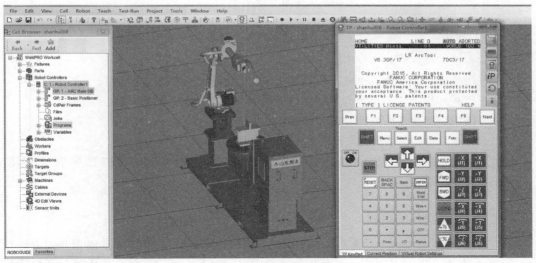

图 7-100 离线编程软件界面

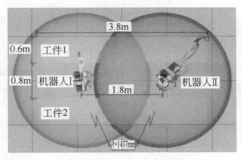

图 7-101 工作范围演示

名称	拖拉机驾驶舱	尺寸		焊接工艺	MIG
材质	Q235（焊丝）JM-56	重量		焊丝直径	1

焊缝序号	焊缝长度/mm	焊缝形式	焊角高度/mm	焊接速度/(mm/s)	起弧收弧/s	空运行/s	寻位用时/s	上料用时/s	下料用时/s	焊接用时/s	合计用时/s	优化后用时/s 双工位时填写	设备利用率
1	20	搭接	3	18	1	2	0						
2	20	搭接	3	18	1	2	0						
3	20	搭接	3	18	1	2	0						
4	20	搭接	3	18	1	2	0						
5	20	搭接	3	18	1	2	0						
6	20	搭接	3	18	1	2	0						
7	20	搭接	3	18	1	2	0						
8	20	搭接	3	18	1	2	0						
9	20	搭接	3	18	1	2	0						
10	20	搭接	3	18	1	2	0						
11	20	搭接	3	18	1	2	0						
12	20	搭接	3	18	1	2	0						
13	20	搭接	3	18	1	2	0						
14	20	搭接	3	18	1	2	0						
15	20	搭接	3	18	1	2	0						
16	20	搭接	3	18	1	2	0						
17	20	搭接	3	18	1	2	0						
18	20	搭接	3	18	1	2	0						
19	20	搭接	3	18	1	2	0						
20	20	搭接	3	18	1	2							

图 7-102　生产节拍估算表格

7.2.1 机器人离线编程特点

离线编程系统具有庞大的模式数据库，以焊接行业为例，已建成的外部轴系统可覆盖焊接行业用到的所有变位装置，而且用户可开发出具有实用价值的功能模块。

与示教编程相比，离线编程系统具有如下优点。

① 减少机器人停机时间（进行下一任务编程时，机器人仍可在生产线上工作），缩短生产周期，提高生产率；

② 编程者远离危险的工作环境，改善了编程环境；

③ 使用范围广，可对多种机器人进行编程，并能方便地实现优化编程；

④ 便于和 CAD/CAM 系统结合，实现 CAD/CAM/机器人焊接一体化；

⑤ 可使用高级计算机编程语言对复杂任务进行编程；

⑥ 适应小批量、多品种的产品快速编程；

⑦ 示教编程的质量取决于操作员的技术和经验，而离线编程可采用规划算法获得最佳路径。

⑧ 示教编程难以实现复杂轨迹路径的编程，而离线编程易于实现。

7.2.2 离线编程系统组成

机器人离线编程系统不仅要在计算机上建立起机器人系统的物理模型，而且要对其进行编程和动画仿真，以及对编程结果后置处理，因此，机器人离线编程系统主要包括以下模块：CAD 建模、离线编程、图形仿真、传感器以及后置处理等。

（1） CAD 建模

CAD 建模需要完成以下任务：零件建模、设备建模、系统设计和布置与几何模型图形处理。因为利用现有的 CAD 数据及机器人理论结构参数构建的机器人模型与实际模型之间存在着误差，所以必须对机器人进行标定，对其误差进行测量、分析及不断校正，以完善所建模型，如图 7-103 所示。

（2）离线编程

离线编程模块一般包括机器人及设备的作业任务描述（包括路径点的设定）、建立变换

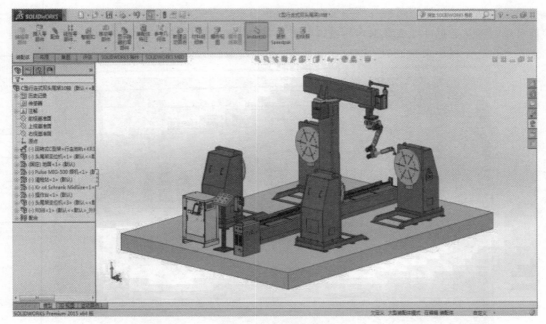

图 7-103 CAD 建模

方程、求解运动学方程（一般为逆问题）及编制任务程序等。程序编辑完成后再进行图形仿真，根据动态仿真的结果对程序做适当的修正，达到期望的精度后传送到机器人控制器上，在线控制机器人运动以完成作业，如图 7-104 所示。

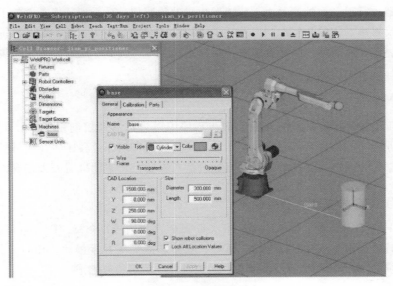

图 7-104 离线编程

（3）图形仿真

离线编程系统的一个重要用途是离线调试程序，而离线调试的最大特点是在不接触实际机器人及其工作环境的情况下，利用图形仿真技术模拟机器人的作业过程，提供一个与机器人进行交互作用的虚拟环境。计算机图形仿真是机器人离线编程系统的重要组成部分，它能将机器人仿真的结果以可视三维图形的形式显示出来，直观地显示出机器人的运动情况，从而可以得到从数据曲线或数据本身难以分析出来的许多重要信息。离线编程的正确性及精度正是通过这个模块来验证的。图形仿真如图 7-105 所示。

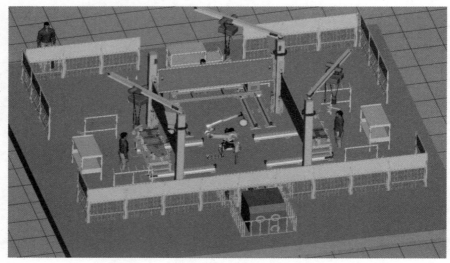

图 7-105　图形仿真

（4）传感器

为了减少仿真模型与实际模型之间的误差，增加系统操作的可靠性和稳定性，机器人广泛采用传感器进行引导和控制。由于传感器生成的传感信号易受到环境条件的干扰（如光线条件、物理反射率、物体几何形状以及运动过程的不平衡性等），基于传感器的运动具有不可预测性，因此，离线编程系统应能对传感器进行建模，按照一定的传感控制策略对基于传感器的作业任务进行仿真。

（5）后置处理

后置处理的主要任务是把离线编程的源程序编译为机器人控制系统能够识别的目标程序。即当作业程序的仿真结果完全达到作业的要求后，将该作业程序转换成目标机器人的控制程序和数据，并通过通信接口下装到目标机器人控制柜，驱动机器人去完成指定的任务。

7.2.3　离线编程仿真软件及其使用

下面以 FANUC 机器人 Roboguide V7.7 仿真软件为例进行介绍。Roboguide 是一款核心应用软件，具体应用时还要配以搬运、弧焊、喷涂和点焊等其他模块。Roboguide 的仿真环境界面是传统的 Windows 界面，由菜单栏、工具栏、状态栏等组成。

7.2.3.1　仿真软件概述

Roboguide 软件具有以下特点。

① 界面简洁，如图 7-106 所示。

② 资源列表比较丰富，包含各种焊接用设备资源，如图 7-107 所示。

③ 可进行运动轨迹模拟，如图 7-108 所示。

图 7-106　仿真软件界面

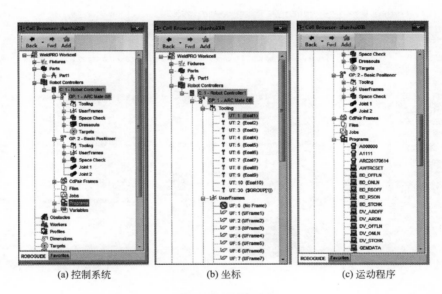

(a) 控制系统　　　　　　(b) 坐标　　　　　　(c) 运动程序

图 7-107　资源列表

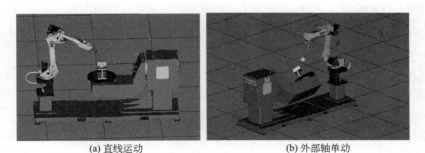

(a) 直线运动　　　　　　(b) 外部轴单动

图 7-108

(c) 变位焊接运动   (d) 联动变位

图 7-108　模拟运动

7.2.3.2　仿真软件使用

（1）软件安装

Roboguide V7.7 软件的安装步骤如下：打开···\ Roboguide V7.7 \ setup. exe 进行安装，如图 7-109 所示。如果需要用到变位机联动功能，还需要安装 MultiRobot Arc Package。

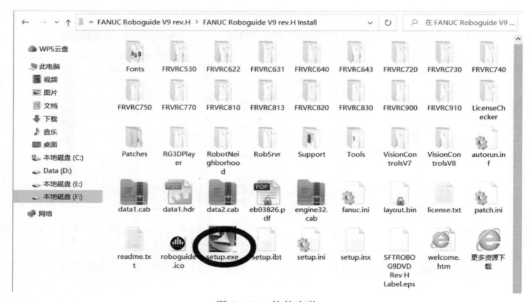

图 7-109　软件安装

（2）新建 Workcell 的步骤

打开 Roboguide 后进入图 7-110 所示的窗口，先单击工具栏上的文件按钮 "File"，再单击 "New Cell"（新建工作环境）菜单项，进入下一个窗口，如图 7-111 所示。

图 7-111 所示的窗口左窗格为导航窗格，右窗格为工艺选择窗格。其可选的工艺类型有搬运、喷涂、弧焊等，从中选择 "WeldPRO- Arx Welding Cell"（焊接工艺-电弧焊工作站），单击 "Next"，进入下一个选择窗口，如图 7-112 所示。

图 7-112 所示的窗口左窗格仍为导航窗格，右窗格为工作站命名窗格。可在 "Name" 框中输入工作站名称（中英文均可），也可使用默认的名称，然后单击 "Next" 进入下一个选择窗口，如图 7-113 所示。

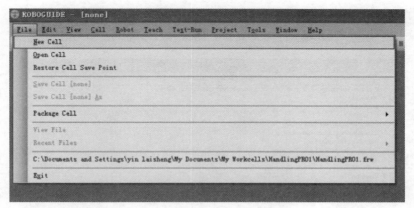

图 7-110　文件菜单栏

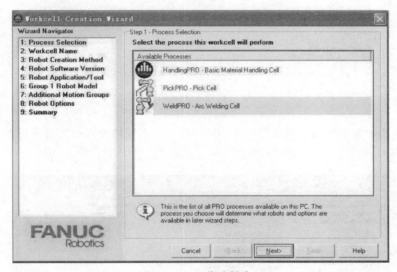

图 7-111　工艺选择窗口

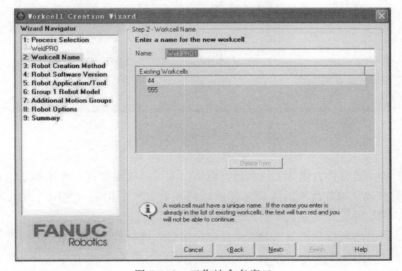

图 7-112　工作站命名窗口

图 7-113 所示的窗口右侧为机器人创建方式选择窗格。在该窗格中选择第一种创建方式，然后单击"Next"进入下一个选择窗口，如图 7-114 所示。

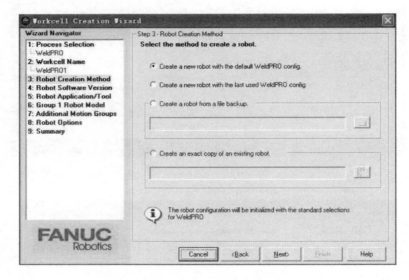

图 7-113　机器人创建方式窗口

图 7-114 所示的窗口右侧为软件版本选择窗格。从该窗格中选中安装在机器人上的软件版本（版本越高功能越多），然后单击"Next"进入下一个选择窗口，如图 7-115 所示。

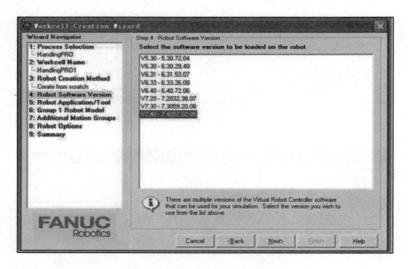

图 7-114　软件版本选择窗口

图 7-115 所示的窗口右侧为工具包选择窗格。其可选项主要有点焊工具、弧焊工具、搬运工具等，根据离线编程仿真的需要选择合适的工具，然后单击"Next"进入下一个选择窗口，如图 7-116 所示。

图 7-116 所示的窗口右侧为机器人型号选择窗格。该窗格中几乎包含了所有的机器人型号，从中选择所用的机器人型号，然后单击"Next"进入下一个选择窗口，如图 7-117所示。

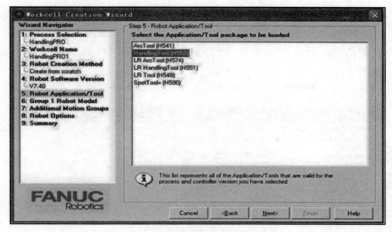

图 7-115　工具包选择窗口

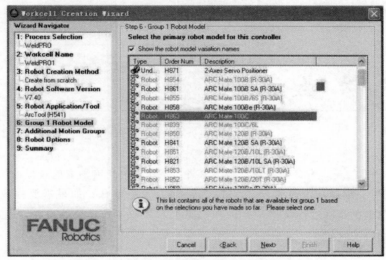

图 7-116　机器人型号选择窗口

图 7-117 所示的窗口右侧为其他运动组的机器人及变位机选择窗格。当需要添加多台机器人时，可以在这里继续添加，然后单击 "Next" 进入下一个选择窗口，如图 7-118 所示。

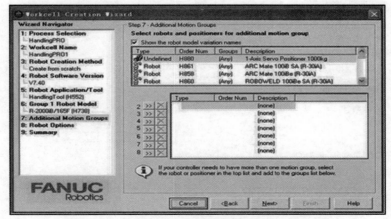

图 7-117　其他运动组的机器人及变位机选择窗口

图 7-118 所示的窗口右侧为可选的机器人软件包选择窗格，其中列出了可选的常用工件软件，如 2D、3D 视觉应用和附加轴等。另外，该窗口中有一个"Languages"选项卡，利用该选项卡可设置语言环境（默认的是英语）。选择了所用软件后，单击"Next"进入下一个选择窗口，如图 7-119 所示。

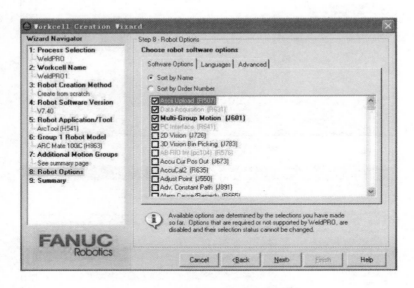

图 7-118　可选的机器人软件包选择窗口

图 7-119 所示的窗口右侧为检查及确认窗格，该窗格中列出了之前选择的所有选项。如果确定之前的所有选择均没有错误，单击"Finish"予以确认；如果需要修改，可以单击"Back"退回之前的步骤进行修改。单击"Finish"后完成工作环境的建立，进入仿真环境，如图 7-120 所示。

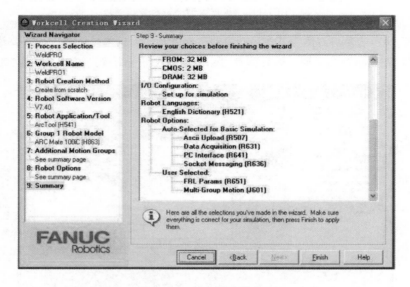

图 7-119　检查及确认窗口

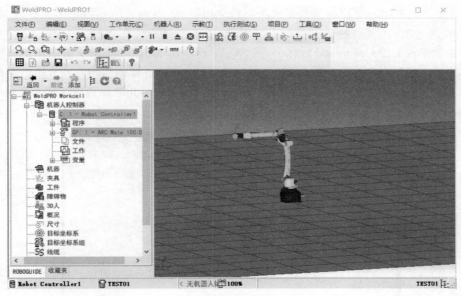

图 7-120 仿真环境

（3）基本操作

1）对仿真界面的操作

利用鼠标可以对仿真界面进行移动、旋转、放大缩小等操作。

移动：按住中键，并拖动。

旋转：按住右键，并拖动。

放大缩小：一种方法是同时按住左右键，并前后移动；另一种方法是直接滚动滚轮。

2）改变模型位置的操作

移动：将鼠标箭头放在某个绿色坐标轴上，箭头显示为手形并有坐标轴标号 X 、Y 或 Z 时，按住左键并拖动，模型将沿此轴方向移动；或者将鼠标放在坐标上，先按住键盘上的 Ctrl 键，再按住鼠标左键并拖动，模型将沿任意方向移动。

旋转：先按住键盘上的 Shift 键，然后将鼠标放在某坐标轴上，按住左键并拖动，模型将沿此轴旋转。

3）机器人运动的操作

利用鼠标可以实现机器人的 TCP 快速运动到目标面、边、点或者圆心，方法如下。

运动到面：Ctrl＋Shift＋左键；

运动到边：Ctrl＋Alt＋左键；

运动到顶点：Ctrl＋Alt＋Shift＋左键；

运动到中心：Alt＋Shift＋左键。

也可用鼠标直接拖动机器人的 TCP，将机器人的 TCP 运动到目标位置。其操作方式与改变模型位置的方式一样。

（4）添加设备

1）三维模型的导入

Roboguide 可以加载各类实体对象（这些对象可以分成两部分：一部分是 Roboguide 自

带的模型；另一部分是可以通过其他三维软件导出的 igs 或 iges 格式的模型文件），具体操作步骤如下。

单击菜单栏上的 Cell—Add Fixture—CAD Library 出现图 7-121 所示的对话框，用于加载 Roboguide 自带的库模型文件，包括各类焊枪、加工中心、注塑机等；或者单击菜单栏上的 Cell—Add Fixture—Single CAD File 出现文件浏览对话框，用于加载由其他三维软件（如 Solidworks、CATIA、UG 等）导出的 igs 格式的三维模型。

图 7-121　三维模型导入对话框

2）添加焊枪并设定 TCP

新建 Workcell 创建完成后，自动生成 Cell Browse 窗口，如图 7-122 所示。先在 Cell

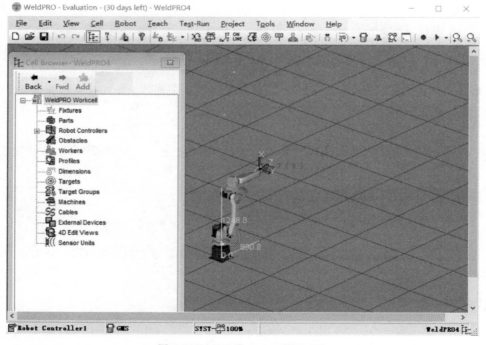

图 7-122　Cell Browser 窗口（1）

Browse 窗口中依次单击导航栏中 Robot Controllers—C：1-Robot Controller1—GP：1-M-10iA/12（添加的机器人型号）各个选择项的左侧展开按钮，直到显示出 Tooling—UT：1（Eoat1），然后右键单击 Tooling—UT：1（Eoat1），从中选择 Add Link—CAD Library，如图 7-123 所示，进入焊枪模型库（图 7-124）。

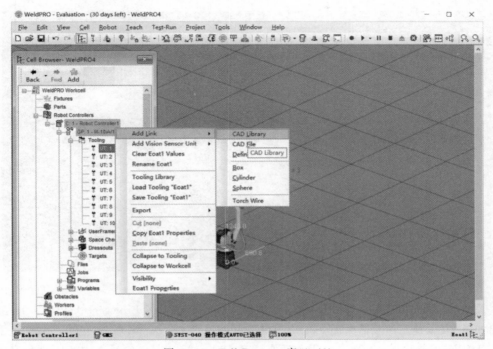

图 7-123　Cell Browser 窗口（2）

在图 7-124 所示的 Image Librarian 窗口中依次点击 Library—EOATs—weld_torches 左侧的展开按钮，从右侧的窗格中选择合适的焊枪。

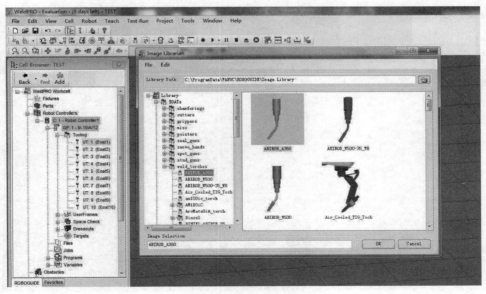

图 7-124　焊枪选择窗口

选好焊枪后点击右下角的"OK"按钮,焊枪出现在机器人的第六轴上,并弹出"Link1,UT:1(Eoats)对话框"(也可通过双击"Cell Browser"中的"Link1"调出),如图 7-125 所示。

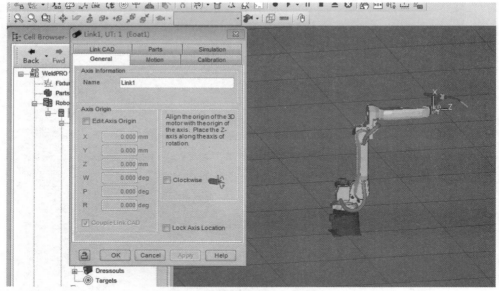

图 7-125　添加焊枪后的窗口

关闭"Link1,UT:1(Eoats)"对话框窗口,并双击 Cell Browser—UT:1(Eoats),弹出如图 7-126 所示的对话框。点击"UTOOL"选项卡,勾选"Edit UTOOL"按钮,手动输入 TCP 的位置数据($X/Y/Z$)及角度值($W/P/R$)后点击"Apply"按钮,即可完成焊枪配置。TCP 的位置数据($X/Y/Z$)也可通过下列方法输入:首先用鼠标拖动绿色小球到焊丝尖端,然后点击"Use Current Triad Location"按钮,系统自动计算 TCP 的位置数据($X/Y/Z$)并填写在输入框中。

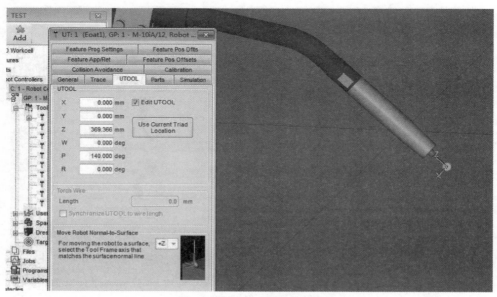

图 7-126　TCP 设定对话框

3）添加外部轴

以单轴变位机为例，添加外部轴的步骤如下。

右击 Cell Browser 中的 Machines，选择 Add Link—CAD Library，如图 7-127 所示。

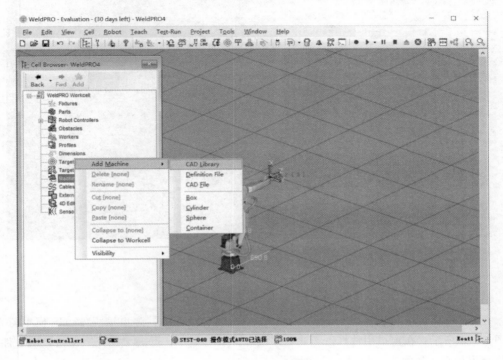

图 7-127　添加外部轴

进入外部轴选择界面，点击 Library—Positioners 左侧的展开按钮，弹出外部轴选择窗口，选择合适的外部轴变位设备，点击"OK"按钮，如图 7-128 所示。

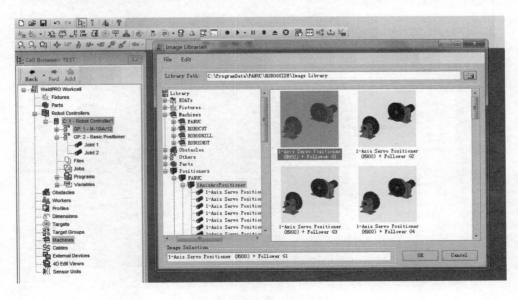

图 7-128　外部轴选择界面

通过手动拖动坐标或直接输入数值调整变位机的位置，点击"Lock All Location Values"按钮锁定变位机的位置，变位机添加完毕，如图7-129所示。

图 7-129　添加了外部轴后的显示窗口

4）添加试焊件

在 Cell Browser 中右击 Parts—Add Part—Single CAD File，弹出试焊件 IGS 模型窗口，如图 7-130 所示；在窗口中选择已经建好的试焊件 IGS 模型，点击"打开"按钮，试焊件模型将被添加至工作组中，如图 7-131 所示。

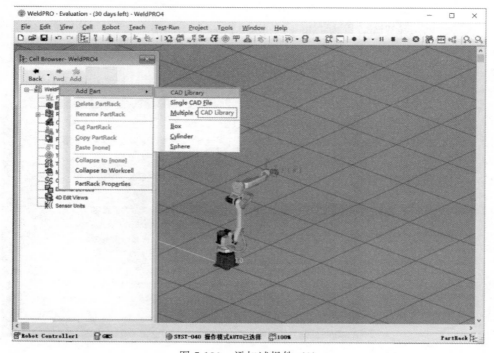

图 7-130　添加试焊件（1）

焊接机器人技术（第2版）

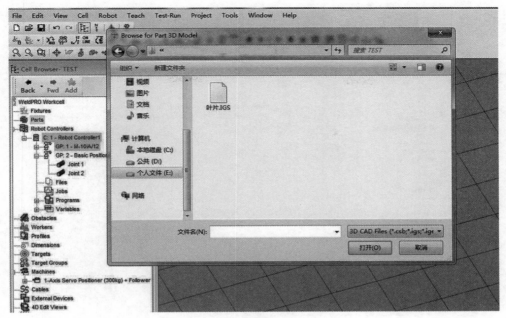

图 7-131　添加试焊件（2）

将试焊件添加到变位机上，双击所添加的变位机，弹出如图 7-132 所示的对话框。

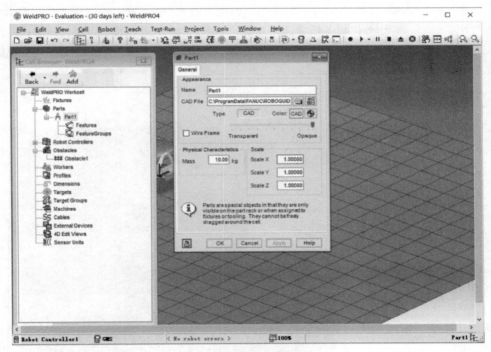

图 7-132　添加试焊件（3）

点击 Parts 选项卡，显示如图 7-133 所示的对话框。在该对话框中勾选"Part1"，点击"Apply"按钮，工件便与变位机关联；然后点击"Edit Part Offset"，调整工件与变位机的相对位置，调整后点击"Apply"，工件就被安装到变位机上。

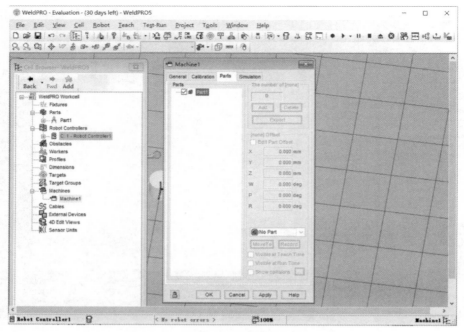

图 7-133　调整工件与变位机的相对位置

5）添加外围设备

右击 Cell Browser 中的 Obstacles，依次点选弹出的菜单栏中的 Add Obstacle—CAD Library（图 7-134），弹出外围设备模型选择界面，如图 7-135 所示。其中可以选择的设备模型包括焊接电源、防护围栏、外部按钮站、气瓶等，选中需要的模型，点击"OK"，相应模型就被添加到 Workcell 中。

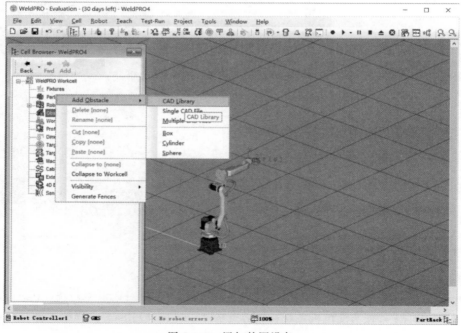

图 7-134　添加外围设备

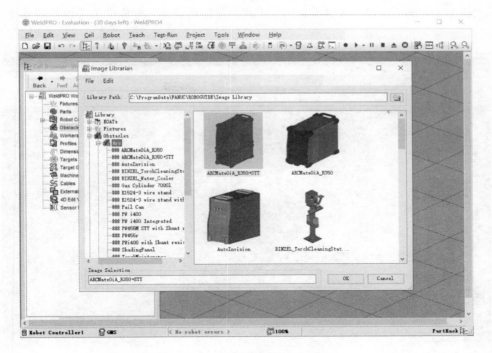

图 7-135　外围设备模型选择界面

　　在弹出的模型设置对话框中修改模型的位置，可以直接输入位置数据，也可用鼠标直接拖动模型中的三个坐标轴，如图 7-136 所示。

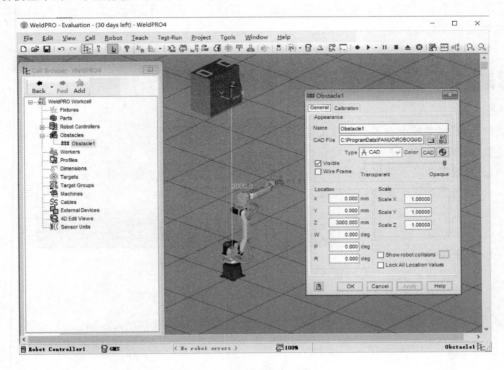

图 7-136　移动外围设备的位置

按照上述各添加步骤，依次添加整个工作站所需的设备，完成整个工作站的建立，如图 7-137 所示。

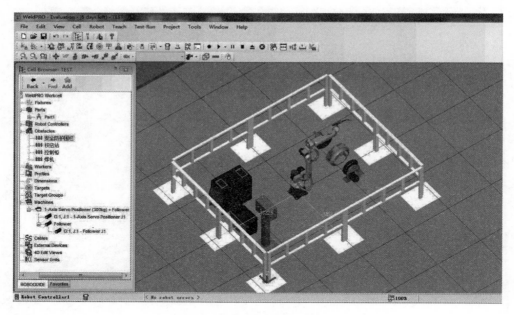

图 7-137　仿真工作站

（5）仿真结果演示（参看二维码-视频）

点击图 7-137 工具栏中的演示启动按钮▶，可演示仿真结果。通过检查演示的动画，可判断仿真结果是否正确。

习题

1. 示教器面板上有哪些部件？各有什么用途？
2. 示教器的用途有哪些？可完成哪些操作？
3. 示教器的显示屏可显示哪些信息？示教器上各个按键的功能是什么？
4. 如何创建一个程序？如何命名？
5. 什么是电弧指令？有何用途？如何示教？
6. 如何创建一个示教点？
7. 终止类型定义动作 FINE 与 CNT 分别表示什么含义？
8. 离线编程系统具有哪些优点？
9. 机器人离线编程系统主要包含哪些模块？

参考文献

[1] 蔡自兴. 机器人学 [M]. 4版. 北京：清华大学出版社，2022.

[2] 熊有伦，李文龙，陈文斌，等. 机器人学：建模、控制与视觉 [M]. 2版. 武汉：华中科技大学出版社，2020.

[3] 约翰·J·克拉克. 机器人学导论 [M]. 负超，译. 2版. 北京：机械工业出版社，2018.

[4] 张铁，谢存禧. 机器人学 [M]. 广州：华南理工大学出版社，2005.

[5] 占锁，王兆宇，张越. 彻底学会西门子PLC、变频器、触摸屏综合应用 [M]. 北京：中国电力出版社，2012.

[6] 孙同鑫. 纺纺印染电气控制技术400问 [M]. 北京：中国纺织出版社，2007.

[7] 李方园. 图解西门子S7 1200PLC入门到实践 [M]. 北京：机械工业出版社，2010.

[8] 丁天怀，陈祥林. 电涡流传感器阵列测试技术 [J]. 测试技术学报，2006，20 (1)：1-5.

[10] 凌保明，诸葛向彬，凌云. 电涡流传感器的温度稳定性研究 [J]. 仪器仪表学报，1994 (4)：342-346.

[11] 谭祖根，陈守川. 电涡流传感器的基本原理分析与参数选择 [J]. 仪器仪表学报，1980 (1)：116-125.

[12] 董春林，李继忠，栾国红. 机器人搅拌摩擦焊发展现状与趋势 [J]. 航空制造技术，2014，17：76-79.

[13] 王云鹏. 焊接结构生产 [M]. 北京：机械工业出版社，2004.

[14] 袁军民. MOTOMAN点焊机器人系统及应用 [J]. 金属加工，2008，14：35-38

[15] 李华伟. 机器人点焊焊钳特点解析 [C] //第七届中国机器人焊接学术与技术交流会议论文集. 长春，2009.

[16] 冯吉才，赵熹华，吴林. 点焊机器人焊接系统的应用现状与发展 [J]. 机器人，1991，13 (2)：53-58.

[17] 中国焊接协会成套设备与专用工具分会，中国机械工程学会焊接学会机器人与自动化专业委员会. 焊接机器人使用手册 [M]. 北京：机械工业出版社，2014.

[18] 陈祝年，陈茂爱. 焊接工程师手册 [M]. 北京：机械工业出版社，2019.

[19] 石林. 焊接机器人系统集成应用发展现状与趋势 [J]. 机器人技术与应用，2016 (6)：17-21.

[20] Pires J N, Loureiro A, Bolmsjö G. Weldiing Robots：technology, system issues and application [M]. London：Springer, 2006.

[21] 林尚扬，陈善本，李成桐. 焊接机器人及其应用 [M]. 北京：中国标准出版社，2000.

[22] 胡绳荪. 焊接过程自动化技术及其应用 [M]. 2版. 北京：机械工业出版社，2015.

[23] Saeed B Niku. 机器人学导论——分析、系统及应用 [M]. 孙富春，朱纪洪，刘国栋，等译. 北京：电子工业出版社，2004.

[24] 卓扬娃，白晓灿，陈永明. 机器人的三种规则曲线插补算法 [J]. 装备制造技术，2009，11：27-29.

[25] 雷扎N. 贾扎尔. 应用机器人学：运动学、动力学与控制技术 [M]. 周高峰，等译. 北京：机械工业出版社，2018.

[26] 林瑶瑶，仲崇权. 伺服驱动器转速控制技术 [J]. 电气传动，2014，44 (3)：21-26.

[27] 郭彤颖，安冬. 机器人学及其智能控制 [M]. 北京：人民邮电出版社，2014.

[28] 黄志坚. 机器人驱动与控制及应用实例 [M]. 北京：化学工业出版社，2016.

[29] 陈万米，等. 机器人控制技术 [M]. 北京：机械工业出版社，2017.

[30] 张昊，黄永德，郭跃，等. 适用于机器人焊接的搅拌摩擦焊技术及工艺研究现状 [J]. 材料导报，2018，32 (1)：128-133.

[31] 颜嘉男. 伺服电机应用技术 [M]. 北京：科学出版社，2017.

[32] 寇宝泉，程树康. 交流伺服电机及其控制 [M]. 北京：机械工业出版社，2008.

[33] 战强. 机器人学：机构、运动学、动力学及运动规划 [M]. 北京：清华大学出版社，2018.

[34] Saccd B Niku. 机器人学导论——分析、控制及应用 [M]. 孙富春，朱纪洪，刘国栋，等译. 2版. 北京：电子工业出版社，2018.

［35］ 布鲁诺·西西里安诺，洛伦索·夏维科，路易吉·维拉尼，等. 机器人学：建模、规划与控制 ［M］. 张国良，曾静，陈励华，等译. 西安：西安交通大学出版社，2015.

［36］ 郭彤颖，张辉. 机器人传感器及其信息融合技术 ［M］. 北京：化学工业出版社，2015.

［37］ 陈善本，林涛. 智能化焊接机器人技术 ［M］. 北京：机械工业出版社，2006.